U0678234

上行

可复制的突围之道

行

蔡垒磊 著

浙江人民出版社

图书在版编目 (CIP) 数据

上行 : 可复制的突围之道 / 蔡垒磊著 . — 杭州 : 浙
江人民出版社 , 2021.12 （2022.1 重印）
ISBN 978-7-213-10299-8

Ⅰ . ①上… Ⅱ . ①蔡… Ⅲ . ①成功心理 Ⅳ .
① B848.4

中国版本图书馆 CIP 数据核字（2021）第 189939 号

上行 : 可复制的突围之道

蔡垒磊 著

出版发行：浙江人民出版社（杭州市体育场路 347 号 邮编：310006）
市场部电话：（0571）85061682 85176516
责任编辑：潘海林 方 程
特约编辑：魏 力
营销编辑：陈雯怡 赵 娜 陈芊如
责任校对：何培玉
责任印务：刘彭年
封面设计：人马设计 · 储平
电脑制版：北京尚艺空间文化传播有限公司
印 刷：杭州丰源印刷有限公司
开 本：880 毫米 × 1230 毫米 1/32　　印 张：8.5
字 数：170 千字　　　　　　　　　　插 页：1
版 次：2021 年 12 月第 1 版　　　　印 次：2022 年 1 月第 2 次印刷
书 号：ISBN 978-7-213-10299-8
定 价：49.80 元

如发现印装质量问题，影响阅读，请与市场部联系调换。

开放性测试

请仔细看看以下 10 道题，并试着选择每道题的答案：

1. 你觉得普通人的上行有固定方法吗？

       A 有   B 没有

2. 一个人能得到多少机会，拼的是纯运气吗？

       A 是   B 不是

3. 把龟兔赛跑的乌龟和兔子替换成工作方式不同的人，再比一次，是乌龟赢还是兔子赢？

       A 乌龟赢   B 兔子赢

4. 职场上偷懒摸鱼，亏的主要是什么？

       A 老板的钱   B 自己的前途

5. 把时间和精力用在让不认可的人认可你上，还是让认可你的人更认可你上？

       A 前者   B 后者

6. 如果社交是你的短板，努力补齐这个短板和专注自身长板哪个
    更重要？

        A 补齐短板   B 专注长板

7. 要不要始终选择做比自身能力天花板更高的事？

        A 要   B 不要

8. 该花更长时间去触碰更高的门槛，还是直接进入更低的门槛慢
    慢往上走？

        A 前者   B 后者

9. 投资中"落袋为安"是一种好的策略吗？

        A 是   B 不是

10. 你觉得上行是不是一件通过做反人性的事，从而让未来能够不
    需要做反人性的事情？

        A 是   B 不是

在一次线下讲座结束前，我跟大家合完影正想离开，在门口被一个女孩子叫住了。她说她是跟朋友一起来的，想代表她的朋友问我一些问题。我整理了一下，大致有以下几个：

1. 读更多的书、学更多的技能到底有没有用？

2. 到底做什么才能有确定性的进步？

3. 当下的成功之路上，还有没有年轻人的机会？

4. 有没有一条只要咬牙坚持做，就一定能成功的路？

为了回答她这几个问题，我特意在门口多逗留了一会儿。我告诉她，年轻人当然有机会，任何时代的年轻人都一定有机会（理由我写在了本书的"前言"之中），读更多的书、学更多的技能当然很有用。

很多人只想追求有确定性结果的进步，因为看不到状态变化的进步无法带给他们继续走下去的信心。可事实上，只要我们持续做正确的事，就能成功。这是因为我们的进步是有复利的，这个复利不是按年计息，而是按日，所以会比预想的快很多，反之亦然。之所以平时没有感知，只不过是还没有遇到改变的契机，于是看起来还是维持在原状态罢了。

人与人的竞争不像赛跑，缩短一米就能看到一米，每个人的成长和衰落都需要遇到具体的事件节点，才能在财富、社会地位等显性功利事物上体现出来。

如果每个人都有一个数值，代表了这个人的整体价值，那么这个数值并不是 1 秒调一次，可能是 2 年调一次、3 年调一次。我们在显性的功利前端能看到的是几年一次的数值变动，但不代表在数值变动日到达之前，后台数值就没有实时增减。

很多人努力了一段时间，看着自己功利前端的数值一直没动，就误以为后台数值也没有变化，于是沮丧放弃。当一段时间后真的退回去了，到了变动日发现"嘿，果然没变"，于是更坚定了"之前我做的那些就是没用"的观点。

其实，我们每个人在很多方面都有反超领先者的机会。例如财富，千万不要认为有钱人只会越来越有钱，那是你只盯着越来越有钱的那部分人，事实上有钱人财富积累跑赢通胀的难度比普通人要大很多（别说"存银行就行"，这可跑不赢真实通胀）。而有钱人因为能力和认知不足，把钱败完也是更容易的事——毕竟他们是很多人眼中的"肥羊"，遇到的陷阱必定更多。

再比如颜值，初高中时期的帅哥美女，到了 40 岁后再看，有的或许胖得认不出来，有的也许老得不像话，有的可能成了"歪瓜裂枣"……而以前不怎么起眼的，却有可能由于坚持保养和健身，变得越来越有气质。

　　再举个我亲身经历的例子：跑步。我从小学开始，跑步成绩就是全班倒数，看着比我高、比我矮、比我胖、比我瘦的人跑步都比我快，我曾以为这会是我一辈子的弱项。但后来发现不是。我只是简单地维持了跑步的习惯，并没有刻意练习，就慢慢成了朋友圈子里的佼佼者，还在特警大队拿过"5 公里接力第一"的奖状。不是我进步了，而是随着年龄的增长，我身边的人都被时间打败而极速退化，我仅仅是保持不退，就跑赢了这些原本在我前面的人。

　　更有意思的是，习惯奔跑的人，坚持下去会越来越容易；而没有这种习惯的，则由于难以"冷启动"，在被反超之时，就再难追回了。

　　这个世界肯定不存在 100% 能成功的路，因为相比于"100% 能成功"，咬牙坚持根本算不得什么。所以，如果咬牙坚持就能 100% 成功，那么它的成功窗口一定会由于大部分人"抢着坚持"而消失。

　　尽管没有"一定"，但是大概率遇到更多好运、更多贵人、大概率跑赢其他人的路有没有？有。

　　聊完之后，她对我表示了感谢，而我同样也对她表达了我的谢意，因为她的提问非常有代表性，值得我用一本书的篇幅去阐述。

蔡垒磊

2021 年 9 月

前　言

上行通道还在吗

有人说，如今这个时代，上行通道已然关闭，社会资源的既得利益者之间相互抱团，共同构建起一道防火墙，将其他人拒之门外；也有人说，由于马太效应的存在，无论年轻人如何努力，都赶不上资产丰厚者积累财富的速度，强者恒强，弱者恒弱。

这样的说法是没有道理的，因为如果反向思考，就很容易得出结论：先别看上行通道有没有关闭，人人都能看到的下行通道显而易见一直是开启着的——不管你是王公贵族，还是贩夫走卒，只要你得过且过，就总有一款下滑的姿势适合你。如果你不信，尽管自己试试，结论很快就能出来。

那么问题来了，当你下行了之后，谁的排名上来了呢？

这是一道简单的数学题，有下就必定有上。当你说上行通道关闭了的时候，你的潜台词就是下行通道也关闭了。但事实上，下行通道一直张开大嘴等着大家，稍有不慎就会往下掉，要维持现有状态哪有这么容易？所以只有一种可能，那就是上行通道从未关闭，只不过那些上行的人不是你而已。

上行从来都不是一件容易的事，从古至今都是如此。古时候更甚，因为社会形态固化、生产模式固化、效率固化，连受教育的权利也只有少数人才能拥有。

一个落后的人就算非常努力，但一辈子都只能蠕动着上行，而另一个原本就领先的人则能够非常轻松、一辈子都能跳跃着进步的时候，当然是不可能超越的。但如果一个社会每 10 年就有一次大机会，每 3 年就有一次小机会，在新领域做事的人不需要背景，不需要行业资源，只要一头扎进去，就可能在上行速度上大大跑赢在旧领域做事的人。这样再说这个社会没有属于自己的上行机会，就没有道理了。

不管出生在什么年代，人都会很自然地觉得"事情都被前人做完了""问题都被前人解决了"。你觉得你的父母赶上了好时候，为什么他们当年不做这个不做那个——不出意外，你的孩子依然会认为你才真正赶上了好时候。当你从现在往回看，会发现每一年都有机会，而你却总是在往回看的时候才能看到它们：我为什么不下海经商、我为什么不炒股、我为什么不买房、我为什么不开网店、我为什么不写公众号、我为什么不做直播、我为什么拿不住某些 10 年翻了几百万倍的投资品……

这个清单可以无限长，但都跟你无关，因为在机会被事实结果证明之前，你从不会提前扎进去参与，就算出于好奇心进去看看，你也无法坚持下来。

所以当你在说上行的时候，你的潜台词其实是"除非能确定地告诉我只要做某事多少天，就一定能得到多少钱，否则就不是上行通道。那些需要我冒险尝试，最终有可能一无所获甚至亏损的，都不是上行通道"。

如果你这样想，那这个世上的确没有这样的通道。因为就算你从现在往回看的那些"确定性机会"，在当年那些人也一定是冒了巨大风险的，否则为什么那么确定的机会，依然只有少部分人做并成功了呢？如果不带着记忆回到过去，你并不会比那个时代的多数人更有眼光。任何时候只要出现一个近乎 0 风险的机会，都会在大部分人发现之前，就被潮水般涌入的人群摊平收益而迅速消失，否则大部分人就不会是"大部分人"了。

上行是一场接力赛

很多人对于社会不公平的批判，都来源于起点的不公——不是我不如他，而是资源没他丰富，机会没他多。换言之，是投胎时的运气问题，不是自身实力使然。

可我们必须知道，上行是一场接力赛，在接力赛中，上一棒领先的选手传承给下一棒继续保持领先理所应当。设想一下，你从老家千里迢迢地赶赴一线城市，并通过自身的不懈努力站稳了脚跟。此时在老家的发小们却要求你的孩子必须回老家上学，接受同等教育，且你攒下的资源不能提供给你的孩子，否则对他们的孩子来说就是"不公平竞争"，你怎么看？你看别人时觉得不公平，也一定有人看你时觉得不公平。

我们总把目光瞄向那些取得了巨大成就的人，认为自己跟他们永远都不可能缩小差距，并将其怪罪于社会的不公，却忽视了运气问题、概率问题，以及在上行这样的接力赛中，我们拿到接力棒时是第几棒、拿到时就处于什么位置的问题。

如果忽视这些问题去追究所谓的绝对公平，那是真正的不公平。

赢过同背景的人

将"似乎无论做什么都难以跟自己羡慕的人平起平坐"，怪罪于社会是毫无道理的，因为无论你多么努力，你大概率都只能达到你所在区间的上限，不代表你能够超越那些拿到接力棒时就大幅领先你的人。

上行，从纵向上来说，指的是今天的你比昨天好一点，今年的你比去年好一点（有时还会差一点，因为会上下起伏，但整体大趋势是好一点）。而从横向上来说，如果你是学生，那么就是比班里的其他同学优秀一点；如果你是上班族，那么就是比公司里的其他同事优秀一点。

有一次，一位老友来我办公室喝茶，话里有话地羡慕一位年纪轻轻就大有成就的同领域牛人，并哀叹行业有太多的不公之处。我说大可不必，人家的基础是什么，你的基础又是什么？我们每个人都只能在自己的背景区间里去触碰上限，从这点看，你现在的成就已经不小了。只有你的孩子才有资格跟那位牛人作对比，因为你的肩膀远比你和那位牛人的父母更高。

不要再说"我兢兢业业工作还是买不起房"或者"我努力生活还是一无所获"这样的话。正视接力棒的差距，把目光收回来，放到那些跟自己一样的人身上，要上行就先赢过他们。

要想赢，最起码要做到的，也是最简单能做到的，就是超越他们的努力程度。因为上行是排名之争，不是你到点上班和下班就能跑赢的，如果他们也到点上班和下班，那么你的排名就永远不会变。只要排名不变，你的生活就不会变，这跟你在绝对值上是不是正在努力生活没有关系。

不是你按部就班地做了什么就可以了，只有你超越别人的部分，才是"赢了"，才有可能在超额奖励里找到那些你想要的东西。

越上行，越有机会

很多人会抱怨社会没有给自己更多上行机会，明明比周围人更拼命，机会却不多。其实，这正是"优秀程度还混迹于大多数人之间"的写照，因为越是身处大多数人群之中，要被少数的机会覆盖到必然是更难的——所处群体基数太大。

当前的中国社会，正向着橄榄型社会发展，但在到达这一目标之前，大体上还是处于一个更接近金字塔型的状态——越往上，人数越是呈指数级减少。所以越是处于相对靠上位置的人，要上行需要打败的对手就越少，而越是处于相对靠下位置的人，竞争者越多，竞争者中普通人越多，平庸者越多，肯不计成本地跟你争夺生存资源的人也越多。

如果你想要在跟别人有着同样思维，又有着同样努力程度的基础上上行，那就只能等着被幸运之锤砸中——假设麦当劳和肯德基之间要比出胜负，还能有 50% 的胜率，而跟你差不多的人或许有好几亿，所以上行几乎怎么都轮不到你。

有句话可能大家都听过，即"以大多数人努力的程度，根本没到拼天赋的地步"，其实答案就在这里。由于大多数人都是达到生存所需的普通努力程度后就罢手了，不愿意让自己有"对生存而言非必要"的劳累，所以你只需比他们多努力一点点，就更有可能脱离出那个最大基数的群体，获得比原本多得多的机会。因为你不再是那个等着被命运挑选的人，而是有机会成为被某些伯乐或贵人定向挑选的人——大多数伯乐只会挑选那些已经有确定趋势能跑出来的马。

而当你有幸上到了一个新平台之后，就会发现，其实这里的工作也没有什么了不起，其他未能到达这里的人或许也能胜任你正在做的事，但很可惜，他们就是没法跟你一样，在更好的地方展示自己。而你在这个更好的地方一段时间后，积累了更多"属于高处的经验"，也攒下了很多原本难以接触的人脉，你会发现你的思维变了，搞定事情的能力也变了——你竟然因为那个初始的"好一点点"，真的在能力上将其他人远远甩在了后面。

　　越往上，竞争者越少，主动合作的对象反而越多，因为这些人的可选项也越少。你会发现世间的好运都在向你靠拢，哪怕你一段时间里什么都没做，也有源源不断的机会找上你；而如果你一直在跟最大基数的人去争抢同一份运气，不愿意在初始做任何超越他们一点点的事，没有好运就是理所当然的。

　　网络上有大量的人都在抱怨时代对他们不够友好，抱怨某些同事主动加班，稀释自己"正常劳动"应得的报酬。

　　可正因如此，他们才应该感到庆幸。还在抱怨，就表示大多数人还没有习惯这种竞争，还没有开始行动起来，他们才仍有机会通过努力一点、再努力一点来迈入正循环的初始上行门槛，因为竞争其实还不足够激烈。

　　什么时候大家都明白了"越上行，竞争越少，高级合作越多，机会和好运越多，越能舒服地往上走"这个道理，开始对这些状态等闲视之，为了超越其他人，为了上行愿意默默付出任何代价，那上行才真的更难了。

你也可以

　　我的出身非常普通，但我做过比同龄人多得多的事情。在这个过程中由于想对了一些道理，做对了一些事，最终到达了一个还算不错的、可以随时退出事业享受生活的状态。

　　比我更有资格讲上行的人有很多，经营公司有比我好的，做投资有比我收益高的，管理时间有比我出色的，社交有比我优秀的，影响力也有比我大的……但我胜在综合成绩还可以，总结规律的能力、对底层思维的抽取能力，以及"让普通人完全听懂"的表达能力还行。

我将这些年指引我上行的经历、思考和总结都融入这本书里，不管是成功的经验还是失败的教训。如果你愿意看看，我相信总有一部分会对你有所启发，或许还有机会直接在里面找到你要的答案。

最后我想用一段话作为总结。史蒂夫·纳什的身体素质并不劲爆，个子也不高，却成了 NBA 两届常规赛 MVP，坊间流传着一句激励人心的话：如果史蒂夫·纳什都能打 NBA，你为什么不行？

我没有优越的家庭背景，也没有什么天生就超越其他人的硬件，如果我都能上行到今天的状态，我觉得你也可以。

目　录

第一章
观念刷新：
蜕变的前提

第二章

上行：

孤独的逆风之旅

第三章

时间：

最贵的生产资料

第四章

社交：

穿透人心的艺术

第五章

影响力：

做值得追随的人

第六章

赚钱：

人人都能做好的事

第七章

投资：

耐心的变富之路

第八章

驱动：

扫除践行障碍

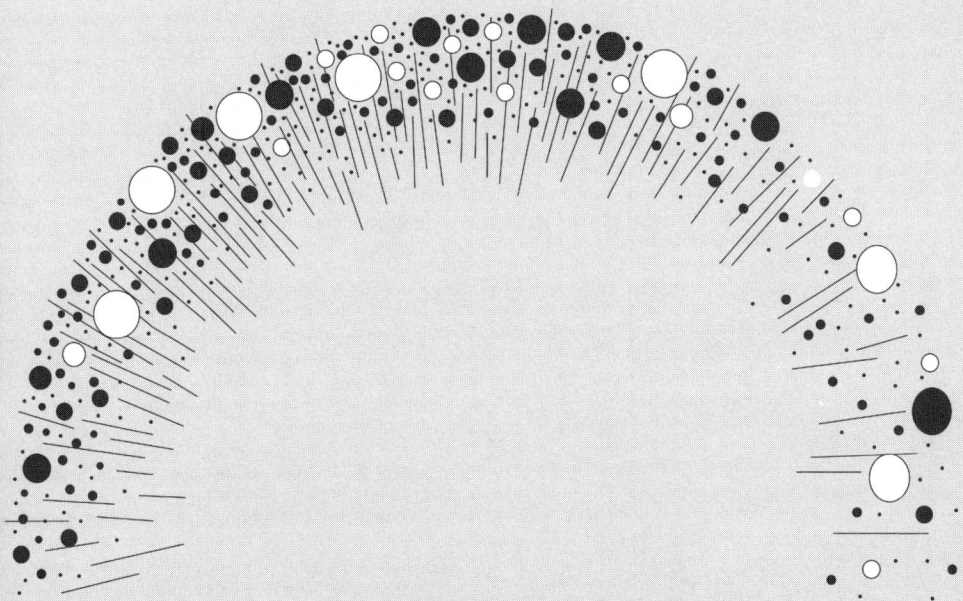

第一章

观念刷新：
蜕变的前提

上行清单：

1. 一个人的成长、上行，归根结底是一个通过提升自己的客观条件，丰富自己的精神世界，从而让自己的生命自由度不断提升的过程。

2. 一个人的欲望是否强烈，在于他愿意为了自己能力范围所及的概率性收获付出多大的代价。

3. 每一级台阶只要迈上去以后能不后撤，结局会比绝大多数人都好。

4. 搞懂一个问题的本质，做对一项决策，有时所得甚至大于普通人忙碌一生。

5. 人生的很多机会来自 8 小时之外。

6. 人和人的最大竞争，不是在确定性题目下的竞争；一个人的聪明，也不全然体现在给定命题下的解题能力。

7. 很多人不行，是先给自己下了不行的定义，于是未来的可能性就立刻坍缩了一大半。

8. 门槛和高墙的存在不仅仅是为了阻碍，还为了更好地犒赏翻过去的人。

9. 当一个人还贪恋着原本的状态时，说明他并没有真正把这件事想明白，而如果没有真正想明白，原本状态的长期诱惑就会导致他必然在某一时刻放弃。

10. 纵向对比很简单，横向对比很难，反复横跳积累的小优势，最终会转变成大成功。

你为什么想上行？

有没有人想过这个问题：我为什么要上行？

我相信大部分人都觉得这是一个显而易见的事情，因为"人往高处走，水往低处流"。其实这句俗语是没有任何逻辑的，水往低处流是一个自然现象，它跟"人往高处走"除了押韵以外，没有任何联系，既不起解释作用，也没有类比效果。

但很多人并不觉得奇怪不是吗？对这句话不感到奇怪，对"为什么要上行"也不感到奇怪，因为我们的经验告诉我们，一个人想要得到一些世俗可见的例如名利、地位、金钱等，就只有不断上行才有可能。

那我们继续发问：一个人得到名利、地位、金钱等，是为了什么？谈及这个问题，这个著名的故事一定逃不开：

一位亿万富翁到海边度假，看到一名渔夫在海边悠闲地晒太阳。闲聊过程中，富翁不解地问："你为啥不抓紧再多捕点鱼呢？这样就能换艘大点的船，捕到更多的鱼了。"

渔夫说："然后呢？"

富翁说："那就可以再多买几艘船，然后开公司、雇员工，赚很多钱，接着把这些活都包给别人，你就可以和我一样到海边度度假。"

渔夫微笑着说："我现在不正在做吗？"

这个故事是用来教导我们知足常乐的，但如果你细想一下就会发现，富翁跟渔夫的状态是截然不同的——富翁处于度假状态是悠闲的，渔夫处于工作状态是有生存压力的；富翁可以什么都不做，渔夫必须先捕完今天的量；富翁可以第二天不再来海边，改去沙漠获得另一种体验，渔夫则不得不永远守着这片大海。

富翁在得到了名利和金钱后，获得了什么最本质的新东西？更大的人生自由度。

每个人的生命自由度都受到三种东西的限制：

1. 所在社会的规则；

2. 自身的客观条件；

3. 大脑的主观意识。

富翁的名利和金钱，让其具备了优秀的客观条件，可以在遵守条件1的前提下，想做什么就做什么，而不具备的人就不可以。

但光拥有好的客观条件还不够，还得有优秀的主观意识。富翁的确可以想做什么就做什么，但不一定想得到什么体验就能得到什么体验——同样是去加勒比海，看过《加勒比海盗》的和没看过的，连闻到的海风味道都不同；同样买了一堆古董堆放在家里，懂历史的和不懂历史的，物件在内心映照出的层次感天差地别。

在具备了优秀的客观条件之后，你的大脑里有多少高质量的内容，很大程度上决定了你有多少高质量的生活体验。我观察身边很多拥有巨额财富的人，他们有的生活得很精彩，有的却很枯燥。财富究竟能不能给一个人带来更好的生活体验，还得看这个人的精神世界是否丰富。

所以，为什么要上行？上行对不同的人来说可以有不同的维度，但有一点是共通的，那就是只要你还没有实现财务自由，它就一定会跟赚钱有关，因为它是我们条件 2 的重要组成部分，只不过不能将上行简单地归纳为赚钱这单一维度罢了。

总结一下：**一个人的成长、上行，归根结底是一个通过提升自己的客观条件，丰富自己的精神世界，从而让生命自由度不断提升的过程。**

想明白这一点非常重要。很多人会粗暴地将"上行"等同于"赚钱"，这样的人往往赚不到钱或最终留不住钱。因为上行的目标，是要让自己成为更好的人，只有全方位更好的人，才具备对金钱和机会的源源不断吸引力——就像黑洞。如果一个人的眼中只有金钱，并只将赚钱当作花钱的前一个步骤，从没有想过把金钱当作全方位提升自己的生产资料，没有想过金钱所带来的生命自由度，那就误解了它。你越是误解它，它就越难主动找上你，即便找上了你也留不住。

为什么我要在开头写这些看似对上行的具体方法论无关的内容？因为只有先想明白，才有机会做明白，任何事都是如此。先看清楚你真正的靶子在哪里，才能射准无偏差。

你有多想上行？

一个人最终能不能上行，跟他的个人欲望是否强烈有极大关系。

很多人都认为自己足够有欲望，但仅仅是"自认为"，当他们要为了不确定是否能成的事情而付出自己全部努力和时间时，就开始找诸多借口了。

一个人的欲望是否强烈，不在嘴上，而在于他愿意为了自己能力范围所及的概率性不确定收获付出多大的代价。这里的重点是概率性不确定收获，非确定性收获，也非确定金额的收获。概率越小，愿意付出的代价越大，这个人的欲望就越强。

以赚钱为例：我人生的第一桶金，来自大学期间销售网络空间和域名。我在某学期的暑假期间起步，一天平均工作 16 个小时，吃喝都在电脑前。当时的我并不确定有多少回报，甚至不确定有没有回报，因为肉眼可见的事实是第一个月没有一丁点儿收入。但我没有放弃，还是把几乎所有能注册的博客和论坛都注册了，同时自学搜索引擎优化技术，靠着人力在网络上夜以继日地宣传——每日发帖、顶帖、写博客的平台超过 80 个。第二个月月初，我售出了第一单，赚到了 120 元，再之后，哪怕我并不需要做什么，月入也能超过 10000 元。前面所有的付出，都有了长期的效果——搜索相关关键字，无论在百度还是谷歌上，第一页都有近 1/3 内容是我的销售广告，而我并没有花一分钱在广告费用上。

关于上行的欲望应该这样计算：**当你不确定做这件事能不能上行，能上行多少，仅仅是有可能可以上行时，你还愿意把你所有的空余时间都用在它身上。一天接着一天，一月接着一月，尽管看不到成功的希望，但你付出的成本依然没有任何减少，仅仅由于它是你当下在上行这件事上能接触的最优选项，这就叫有欲望。**

我在公开场合经常会提到一个视频，在拙著《认知突围》的开头也有提到，文字内容是这样的：

曾经有一个年轻人，他想赚很多很多的钱。所以他找到一位他视为偶像的大师，并告诉大师，他想成为像大师一样强大的人。大师说："如果你想成为像我一样的人，明天早晨来海滩见我。"年轻人凌晨 4 点就到了，大师走过来摸着他的头问："你有多想成功呢？"年轻人说："我真的很想！"大师让他走下水，他就走进海里，直到海水差不多淹到年轻人的腰际才停下。

年轻人心里想："我只想赚钱，他却只教我游泳。"

大师察觉到这一点，所以他对年轻人说："再走远一点。"年轻人又走远了一些，这时候水差不多淹到他的肩膀附近了。年轻人心里想："这老家伙真是个疯子，他很会赚钱，但他是个疯子。"

而大师一直说："再走远一点，再远一点。"这时候水已经快要淹没他的嘴了。此时大师让年轻人往回走，他说："你告诉我你想成功。"年轻人回答道："是的！"大师走近年轻人，把他的头按到水里，再提起来，再按到水里……就在年轻人快不行的时候，大师把他拎出了水。

他对年轻人说："我有话要告诉你，当你对成功的欲望足以与对呼吸的欲望相媲美的时候，你就会成功。"

有多少人有过哮喘的体验？如果你有过这种体验，你感到气息不足，你会深呼吸并大口喘气，此时你唯一要做的，就是去吸取新鲜空气。

你不会在意电视正在播什么，不会在意有没有人给你打电话，不会在意派对的琐事，你唯一在意的只是在呼吸的时候吸取一些新鲜空气，这就是全部。当你对成功的渴望就像对呼吸的渴望一样时，你就会取得成功。

很多人都说自己想要成功，但实际上没有那么想，只是有点想而已。他们对成功的渴望甚至不如对派对的渴望，不如对耍帅的渴望，不如对睡懒觉的渴望。

这个视频是我当年收藏以后看了又看的励志视频之一，尽管今天看到它的你会觉得它仅仅是有一些煽动性，但当年它确实给了我非常大的力量。回顾过往，我成长最快、最拼命的时候，就是我渴望最强烈的时候，每天都有做不完的事，有无穷无尽的点子，每天都在践行和思考中迭代自己。

每当有读者问我关于"上行"的建议时，我第一项看的就是这个人平时在干什么，下班后在干什么。

多数人只是希望从我这里得到一些快速成长或者快速成功的技巧。就像学功夫，他们不想每天 4 点钟起床跑山或是每天枯燥地挥上几万下空拳，他们只想学一招制敌。并且一厢情愿地相信只要我使出这一招将敌制住了，他们使出来也能有一样的效果。

当得知上行这件事需要先失去很多时，他们就会犹豫，摆出"家庭生活才是最重要的""成功的定义不止一个""事业是 0，健康是 1"诸如此类的大道理。

大道理对不对？对。但它们跟上行矛盾吗？有时候在上行的某些面上是矛盾的。每个人都可以自由地选择自己的生活方式，只要同时接受它带来的一切，都无可指摘。如果一体两面本就在逻辑上不可分割，一个人既想要 A 面，又坚决不要 B 面，那就肯定不对，就算摆出以上大道理也还是不对。

想要什么就得先承认，因为只有坦然承认之后，才能心安理得地去做，不找任何"永远正确"的借口。如果还没想好，还没找到一个必须拼命上行的理由，那就先去找到它，在找到之后，各种上行的策略才有可能奏效。

认知升级先于财富

当人们说想上行的时候，其实想的是如何在最短的时间内拥有跑车、别墅、美女、帅哥等，而不是社会资源、行业地位、交易经验、看人艺术和解决问题的能力等。

这些有区别吗？当然有区别。前者可以通过某些投机取巧的方式获得，而后者却必须依靠时间的积淀。尽管从后者也能通向前者，但大部分人其实并不愿意付出长时间的辛劳，去换一个不够确定的结果。

然而这正是问题所在。

两个拥有同样财富的人，一个是靠运气得来的财富，另一个资源满满、经验满满、认知能力强大、社会地位高，是凭实力赚得的财富。这两个人在 10 年后会怎样？前者有很大概率会被后者远远地甩在后面。

道理很简单，靠运气赚得一大笔财富，不代表这个人拥有与这笔财富相称的认知能力，所以很有可能既无法复制出下一笔财富，且连这笔财富都极不容易守住，因为到处都是诱惑和陷阱；而凭实力得来的财富是可复制的，退一万步讲，就算不小心失去了，由于人脉在、名气在、信誉在、认知能力在，组成价值的那些东西都在，这些"生产资料"就能继续帮他生产出新的财富。

所以，一个人的认知升级必须先于财富，若是晚于财富，那财富怎么来的，还会怎么失去。

有一段流转很广的话，叫："这个世界最大的公平在于：当一个人的财富大于自己认知的时候，这个社会有 100 种方法收割你，直到你的认知和财富相匹配。"

绝大部分人的一生是不可能遇不到机会的，不但能遇到机会，还至少会有几次"发一笔小财"的经历。但问题在于，如果一个人的财富先于认知而到，就几乎不可能守得住财富和阶层，不是被 P2P 洗劫，就是在创业中输光，或是在炒房、炒股、炒币中用各种"谜之操作"将其挥霍一空。总之，总有一种方式能让他们把财富给倒出来。

所以，有关成长、赚钱、上行的具体策略很重要，但认知能力的升级更为重要，因为获取财富的具体方式在各行各业中都有自己的破局之道——反正不管你做哪行，只要认真对待了，不管你是否参考本书提出的策略，你总会在某一天，至少拥有一些小钱。

但如果你不认真把生产财富最重要的工具（也就是"你自己"）给提前打磨好，那不管你有多大的运气，最终财富也只是在你这里过一下手而已。

在金庸小说《天龙八部》里有一位扫地僧，他有一句话大概意思是，如果没有慈悲法化解，那么武功越强，造业越深，体内戾气越重，比任何外毒都要厉害，这个叫武功障。

同理，如果没有认知作为铺垫，那么横财越多，这个人就越急功近利，越看不上自己能力范围内的正常收入，也就越无法在正常工作中得到满足感和幸福感。那么当他的横财随风而逝的时候，他原本赖以生存的赚钱能力反而退化，消费的阈值又被向上拉扯，于是这个人就会迅速被毁，过得比过去更差，这就是金钱障。

而如果你对上行、成长、财富的认知能力都到达了超越普通人的水准，那么哪怕最终你并没有在当下的行业内找到多大的突破口，并没有多高的事业建树，也请相信我，几十年后你还是会不错的——每一次的果实你都能保住，那么最终你一定能小果换中果，中果换大果，稳步前行。**尽管每一步都不过分惊喜，但每一步只要迈出了都不后撤，结局当然是比大多数人都要好。**

如果要达成这样的目标，你要修炼的就只有两件事：学习和沉住气。学习让你提升思维，提升认知，守住不管用什么方式得来的财富，而沉住气则能让你心平气和地度过那些没有额外奖赏的日子，远离那些急功近利者看不清的陷阱。

最具性价比的努力

认知能力对一个人能否稳步上行有着极其关键的作用，因为认知能力越强，在关键处的决策就越接近"正确"。长年累月下来，能够对其他人形成巨大的优势——如果你认为自己的认知能力不错，但在一段较长的时间里都没有看到这种优势，大概率是你对自己在关键事物上的认知有偏差。

决策质量决定人生质量，这毫不夸张。就算是出生就在罗马的人，一旦在重大决策上选择失误，同样有可能退回起点，就算没有退回起点，他同样需要跟出生在罗马的人对比，他们之间一样有相对上升和下降。与其跟别人比那些无法改变的东西，不如想想怎么通过决策质量去跑赢跟自己差不多的人。等各方面都上了一层之后，你依然有机会用同样的方式继续跑赢新对手，就这样一层一层打怪升级——它靠的绝对不可能是运气，因为运气不可能永远眷顾你，只能是决策质量。

我经常听到有人问："到底是选择重要还是努力重要？"

这个命题是需要先定义的，如果这里的努力指的是使死劲，那么正确的选择当然比努力重要。比如有人在 21 世纪初咬牙买了一套一线城市的房子，而有人用同样的钱买了一辆心仪的车。于是就算前者在工作上表现平平，后者通过智慧和努力得到了升职加薪，只要后者在之后没有购买不可替代的核心资产，同样很难跑赢前者。

但"努力"的定义显然不会如此肤浅，努力提升自己的决策质量也是努力，而且必定是更具性价比的努力。**有时搞懂一个问题的本质，做对一项决策，所得甚至大于普通人忙忙碌碌一生。**

因此，在决定一生的大事件上，怎么花成本学习，怎么花时间思考，都不过分。这种努力看起来没有那么显眼，但最终这样做的人都会过得不错。相反，那些只想着做，却从来不想着先把事情想透的人，就容易围着鸡毛蒜皮打转，看似非常努力、非常勤劳、终日忙碌，最终却永远只是在地上赤脚埋头跑，连旁边路过了多少辆能搭的车都看不到。

很多人将这样的状况错误地归结为"赚钱的人都不忙，忙的人都不赚钱"，于是以为不忙就能赚钱。大错特错，有些赚钱的人就算看起来不那么忙，只要这个人能持续决策正确，持续赚到钱，就一定是把精力聚焦在了一些不那么显眼，但更关键、更重要的地方。

每个人都可以通过很多方式来获取财富，并不仅仅是在当下的公司提供劳动服务。那些好的公司、那些经济长期向好的国家，那些稀缺的标的从来都不会拒绝你的投资，就算你当下真的无法靠自己的直接劳动换到很多钱，你也能通过"依附强者""投票给强者""投票给别人在未来更想要的东西"来换到更多钱。这里用来交换的，就是你的决策质量，这种努力的性价比更高。

上行是 365 天 ×24 小时

尽管你现在准备好了，找到了必须上行的理由，也有了背水一战的决心，但还有一个残酷的事实在等着你，那就是你得先去掉工作和生活的界限。

前几年很流行一句话，"工作和生活要有界限，工作的时候好好工作，生活的时候好好生活"。对于执着于上行的人来说，这是完全不对的，因为多数人那可怜的工作时间和工作效率并不足以让他们超越其他人。

首先是由于上班时间是连续的，而大部分人在工作中无法保持长时间的专注，所以多数人一天的有效工作时间并不是 8 小时，而是 3 小时或是 4 小时（甚至更少）。

此时如果有个人在工作之余再认真地多花 4 小时在上行上，那么不管这个人是做与工作有关的事，还是做其他的事，他的成长速度就会是严格朝九晚五的那些人的 2 倍——不是多出 50%，而是多出 100%。

在同一批进公司的人中，如果资质和背景差不多，这个更努力的人当然最有机会。当他上了一个层次后，竞争者更少，机会却更多，而那些没能上去的人却不得不继续跟更多新进来的人一起竞争，在马太效应的影响下，两个初始状况差不多的年轻人的能力差距慢慢会增加到原来的 2 倍、3 倍，甚至 10 倍以上。

其次是很多的机会来自 8 小时之外。

你遵循公司的工作时间，但机会的降临并不会挑你的工作时间，所以如果你坚持工作和生活严格分开，那就等同于放弃了一大半的机会。

一个人必须随时待命在工作状态中，随时随地学习，随时随地进步。这并不是说要让你成为没有娱乐、没有生活的机器，而是一种让你的工作和生活都能达到最优效率的方式。

想象一下你在非工作时间里，是不是有时已经玩得很没劲了，但还是不想去学习和工作？因为你觉得这段时间没有人付你薪水，好像你一做事就亏本了，而在工作时间里有人付你薪水，如果你能不被发现地偷偷懒，多在厕所里待一阵就赚到了？

这种算法极其有问题。

首先，从工作时间的效用来看，你不可能永远在这里待下去，因为公司可能会开除你，还可能会倒闭，就算都没有，你也可能会对现状不满意。当你走出这家公司，别人愿意为你的时间付多少费用，取决于你在这段时间积累了什么。所以你偷的所有懒，其实都在伤害你自己。

其次，从非工作时间的效用来看，当你在娱乐中的边际效用已经递减到几乎无法获得幸福感的时候，如果你还坚持无目的地刷网页和视频，就是在为了浪费而浪费。那些刷得不亦乐乎的人还情有可原，至少得到了短期快乐，而你就是纯粹地在和自己的生命过不去。

把工作、学习和生活的界限去掉，至少能够让你在娱乐效用已经很差的时候，转向另一件不那么讨厌的、对人生的正面意义更大的事情，积累一点点的进步。上行这件事就跟锻炼一样，没有"锻炼半小时、一小时才有效果"这种说法，你能锻炼一分钟也是好的，也对身体有好处，肯定比不做强。

所以，上行就必须树立 365 天 × 24 小时的观念，随时随地不排斥工作、随时随地不排斥学习、随时随地不排斥积累、随时随地不排斥做上行相关的事。你可以生活优先，但请在给你带来的幸福感边际降低的时候，切换一下状态，这样才更有性价比。

自学才是真正的竞争

很多人是没有自学意识的，除了校园里的被迫学习外（这种学习类似于工作，只不过是学生的无薪工作），他们不觉得有任何学习的必要。

所以，当我们说到工作之外的学习时，很多人一脸不屑：都已经工作了，还整天提学习，要么是被成功学洗脑了，要么是读书读傻了，要么就是想在其他人面前表现为"上进"，做做表面功夫，或者糊弄一下自己。

校园里的学习重要吗？重要。考试成绩好，可以让你去更高的学府，然后在走上社会时就可能拥有一个相对较高起点的选择权——并非一定是较高起点，只是有选择权，且就算从更高学府出来，也并非每个人都能选择那些人们认为的高起点。但就算能选择人们眼中不错的起点，就算的确选择了，也仅仅是起点。从校园里出来后，有多少人真正知道自己应该做些什么？

多数人就是广撒网投简历，找一份给自己开最高起薪的工作，然后看老员工做什么，自己就做什么，就这么一直"混"下去了。当然他们也有一定的概率升职加薪，因为这就是多数人之间"冷兵器"式的竞争——大家都是朝九晚五地用功，谁起点高、谁初始背景强、谁运气好，谁就占得先机。

但他们对于那些肯 365 天 × 24 小时上行的人来说，就是冷兵器与热兵器之间的差别了。这下你应该知道为什么有那么多人讨厌"自愿加班"，以及嘲讽"主动学习"的人了吧？因为他们自己不想付出成本拿起热兵器，于是希望别人也只拿冷兵器跟自己短兵相接。

相较于使用冷热兵器导致的后续的人生可能会出现的巨大差距，校园起点所占的那点优势从长期来看就极其微小了。

一个人在校园里学到的知识，能应用到实际工作和生活中的是很有限的。大部分的工作经验与技能习得，对机会的把握能力，以及做成一件事真正重要的那些关键素质和思维方式，靠的都是步入社会以后的积累。

如果一个人在离开校园之后就放弃了工作时间以外的自学，

或者说一旦离开了一个"别人告诉你学什么""强迫你学什么"的环境后就不知道该做些什么了，那么可以非常确定的一点是，这个人无论校园起点多高，最终泯然众人矣。

学习永无止境，贯穿于每个人的一生。我其中一家公司有60%以上的员工由开发人员组成，其中只有极少数会在入职之后再利用自己的业余时间去学习最新的开发语言，大部分人进来的时候会什么，最后依然是只会什么。而那些肯自学的，在某一次必须要用到最新语言开发的项目中都被安排到了重要岗位——一共就几个人会，不用你用谁呢？

没有人告诉你该学什么，也没有人逼着你学。**人和人的最大竞争，不是在确定性题目下的竞争，一个人的聪明，也不全然体现在给定命题下的解题能力。**

在给定跑道的田径场上比赛，兔子永远比乌龟快，但路径上若是没有地图、没有跑道，还到处都是迷宫和机关，兔子未必就能处于更有利的位置。校园和社会里拥有的是两种截然不同的竞争模式，学校是给定路径的竞争，而社会是不确定路径的竞争，或者说是自由竞争模式——没有教材，没有大纲，没有老师，也没有人催着你交作业，做或者不做，都随你。

当你发现自己想的每一条路貌似都走不通，又没有人逼着你继续前行的时候，解决给定任务的能力更重要吗？不，对接下来该解决什么问题的选择，以及是否选择继续解决问题的毅力才是重点。

所以"有意愿保持终身自学"是最为可贵的能力，也是社会竞争开始以后，在较长的时间跨度中最有用的能力，如果为了严谨，你可以自行加上"之一"。它决定了你能比其他人多付出多少倍的有效积累时间，有可能被多少不确定的机会覆盖到，这些都是上行的关键——假如其他条件相似，那么校园竞争结束后只是确定了你的起跑线是 0 还是 1，但社会竞争的目标是 100，你是从 0 到 100，还是从 1 到 100，其实区别并没有那么大，重点是你一年进步 10 还是 20，以及有多大概率能遇上几个一下子进步 30 或 40 的机会。

很多人总希望自己的每一分努力都能即时获得回报，如果没人给就不做、不学，这就搞错了对象。只要我们正在接受新的挑战，那么第一受益人一定是自己，因为我们的能力边界在扩展，然后才是是否同时对其他人有益。

离开校园后，所有的意识都得重新塑造，所有的竞争都会以新的方式重新开始。放下那些"在校园竞争中输了会继续输"的自卑和借口，放下那些"在校园竞争中赢了就该给我更好的"自大和幻想，现在是全新的游戏了。

打破普通人的诅咒

很多人自称"不行"，其实是先给自己下了"不行"的定义，于是未来的可能性就立刻坍缩了一大半。

所有人都告诉你，你是个普通人，普通人就该有普通人的活法。例如，到了什么年纪就做什么事，古人说该成家立业了，于是赶紧成家；长辈说多子多孙，于是赶紧生孩子，一个不够两个，两个不够三个……

人在被套上了"普通人"的传统定义之后，行为举止就会开始往这个定义去靠，于是就真的变得普通了。

从概率上讲，我们大多数人之所以普通，是由于任何天生的能力都不会处于社会顶尖，但这个普通仅仅是指出生时的智力普通、体力普通、长相普通，并不是指复制大多数人的行为。复制多数人的行为，是出于社会安全感，但正是过度追求社会安全感，让普通人丢失了那些有可能不普通的机会。

每一个社会人都会被套上符合某个群体普遍价值共识的枷锁，不符合的人往往会遭到该群体的排斥，但这些共识并不都是好的。例如，在一个宿舍里，大家都不努力，就你最用功，你一样可能遭到冷嘲热讽。

几乎每一个人的身边，都是普通人居多，这是毋庸置疑的；就算再优秀的人，身边也只有少数优秀者，大部分是平庸者。所以，如果一个人不能放弃普通人群体的价值共识，则必然被各种各样的群体枷锁套住，疲于应付，绝无可能跳出普通人的圈子。

普通人有很多的价值观，只适合普通人。如果你要上行，就必须得坚持自己独有的价值观。例如，李嘉诚和老婆正一起闷头创业时，突然有个人说："你们这样不对，对孩子成长不好，为了赚钱就能牺牲孩子的童年吗？陪伴不重要吗？孩子的青春能重来吗？"

例如，你真心欣赏一位"贵人"，正准备称赞几句，又怕被人说巴结，怕被人说自己想走旁门左道，明明是真心的，却由于心理压力很大，话到嘴边咽了下去。

再例如，在会议上，明明很有想法和见地，却由于怕被人说"爱出风头"，从而只能随声附和其他人的观点，以求跟大家一样。

这些价值观和做法错了吗？不一定。但如果你一直怕被某些群体非议，而不停地调整自身的价值观和行为，那么必定一事无成。因为群体有无数个，价值观也有无数个，当你在每个地方都想着做完美社会人的时候，就注定束手束脚——这就是你获取安全感的代价。

普通人的标签首先就是普通，没有过人的资源，没有过人的背景、财富，也没有顶级的技能，所以他们必须非常专注，付出比其他人多得多的时间去思考和努力，舍弃几乎所有能舍弃的东西，才可能获得一点点的上行机会。

上行，就代表你准备好了在很多方面超越你当下周围的人群，那么就肯定要做跟他们不一样的事才有可能——不是说跟他们不一样就一定对，只有做不一样且对的事，才能让你从他们中间脱颖而出。如果别人说不能做就不做，别人说不对就退缩，那就中了他们定义的"普通人陷阱"。

想打破普通人的诅咒，必须先拥有强大的内心去承受别人的排挤和负面评价，建立属于自己的评价体系，还要有独自熬过"暂时无法向任何人证明这条少有人走的路是对的"的黑暗期的耐心，才有突围而出的可能。

追上大部分人并不难

上行说难也难，说不难也不难。

说难，不仅要超越以前的自己，还要超越不断进步着的其他人，只有幅度比他们更大，才有上行的可能。幸福可以只跟自己比，上行可不能，因为社会资源是按排名分配的，拿赚钱的维度来说，如果人人都开始每月挣 100 万了，你就算每月挣几十万也会感到很落魄。

说不难，是由于绝大部分人的努力程度其实都不高，你拥有的劣根性大家都有，你也曾试过克服它们，所以你清楚地知道这对每个人来说都很难。但既然是人人都想克服却又都克服不了的东西，克服它就越有价值。

越难，做不到的人的比例就越大，做到的人就越是能站到人数比例更小的头部去。所以很多门槛和高墙的存在其实不仅仅是阻碍，还为了更好地犒赏能翻过去的人——它们挡住的人越多，翻过去的那些人能吃到的红利也越多。

时间就是一堵极高的高墙。

很多人都会在一件看起来较难的事情开始前高估它的难度，不敢开始，却会在一件看起来不难的事情需要重复做的时候低估它的难度，最后半途而废——简单的事情一旦加上"每天"，只要不是基因层面原本就享受的事情（比如每天吃饭），就必定能筛掉大部分人。

所以赶超大部分人，只需要持续做对的事情就可以了。什么是对的事情？本书提到的所有思维和方法论中你认为有道理的、可以立刻执行的部分，一天、两天、三天，一年、两年、三年……持续地做下去，其他人渐渐地就看不到了——很神奇，你没有获得什么寺庙古刹里的不传之秘，也没有做什么惊天动地的事情，但就是能获得一个接一个的好运，然后彻底地甩开了他们。

道理非常简单，因为你站在了时间这一边。只要你做的事情是正确的，那么你只需站在时间这边，就等同于站在了上行这边。

我经历过的投资、创业、健身、学习……从后往前看，无不是如此，只要你觉得这件事是对的，你能够日拱一卒，其他人一定会不停地掉队。

你应该马上就做

当你看到这里，觉得生活有点希望的时候，你可能会想着一口气看完本书余下的所有内容，接着好好计划一下，看看从下个月或者明年开始自己能改变些什么。

相信我，这样是没办法改变的。在拙著《认知突围》卖出了几十万册以后，有位新读者在公众号后台给我留言，说他前几天挑灯夜战看完了这本书，非常有帮助，接下来准备彻底翻盘他的人生。当我问他"你已经开始了吗"时，他说正在计划之中，看看先从哪里开始改变。

我不是对计划有什么偏见，从经验来看，大部分人一旦先"计划"而不是先"行动"，往往就会无疾而终。人们总是先看到全盘改变后的结果，在预期结果的驱动之下热血沸腾，才燃起想要做的热情。可一旦开始耗费能量来计划，热情就会开始冷却，于是这改变的第一步也就不会来了。

凡执行力强的人都有一个习惯——立刻做。这不是一种盲目，而是从手边能完成的简单事情开始，小成本地先开始，接着边做边调整，边做边计划，这样才更容易达到最后的成功。

有一本书叫《瞬变》，里面讲到了一个有趣的案例：有家洗车店推出"盖章换洗车"服务，洗一次车给盖一个章，盖满 8 个就可以享受一次免费洗车服务，可最后发现效果不那么好。于是洗车店灵机一动，把策略进行了一点小小改动，将需要集章的数量从 8 个增加到了 10 个，但每个人起步就先盖上 2 个。看似要达到免费洗车条件依然还剩 8 个章要盖，但最终集齐的不仅快很多，人数还多出很多。

人们想要一种"我已经有收获了"的感觉，想要一种离目标越来越近的感觉，同时会被一种叫"开弓没有回头箭，先做下去看看"的感觉所推动。

所以真正能做下去的人，往往在第一时间就开始做，先让自己处于一个轻践行的状态之中，然后才开始计划和调整。比如健身，不必每天练足一个小时，10 分钟也是好的；比如写作，不必每天写够 3000 字，300 字也是有用的；比如兼职，不一定要立刻赚到多少钱，先给别人提供一些力所能及的价值，也是好的开始；再比如投资，不必拿身家性命去搏一个结果，用一点亏了也不可惜的钱尝试一下，也能推动你去深入地认识你购买的标的，以及思考投资这回事。

我经常听到一句"名言"，叫"明天就要开始减肥了，今天放纵最后一把"。这样的人是无法成功的，因为他其实并没有准备好减肥。

一个人若是真的想改变，就会从现在、此刻开始改变，比如减肥，面对着满桌的美食，一口都不会再吃。当他还贪恋着原本的状态时，说明他并没有真正把这件事想明白。如果一个人没有真正想明白，原本状态的长期诱惑就会导致他必然在某一时刻放弃，改变当然就半途而废。

所以，当你看完本书以后，第二天就必须用做点什么来宣告改变的开始。如果你的行动意志力较为薄弱，在改变的初期，还可以使用"显提示"的方式——把你坚持要做的事，放在自己一抬头或一打开就必定会看到的地方。这种显提示，会给你一种"自己承诺过的，流泪也要完成"的动力，让你的大脑无法回避。

每天在各类行为的趋势上更靠近上行一点点，哪怕不能立刻得到什么好的结果，也都是在概率上给上行增添砝码。没有人知道回报会以什么样的方式降临，但我知道这些正向趋势组合起来，确定能对人生产生重大的长期正面影响，包括被更多潜在的好运覆盖。

成功的秘诀在于反复横跳

人人都有机会上行，只不过人们认为的"机会"，或许是某种具体场景下的小技巧，这是人们最想窥探的，以为学上一招就能在关键处打赢其他人，很多人把这样的东西叫"干货"。其实这种具体的小"术"就像象棋里的残局，得下到那个刚刚好的场景才有应用的机会（大部分情况下还不可能有一模一样的），场景若不是一模一样出现，该输的棋还得输，所以看似学了不少，其实对一个人的棋力增长并没有多大帮助。

从整体而言，上行一定是一件长期的事情，只要思维调整到正确的方向，长期做对的事，人生的整个趋势就会稳步向上，就像跑步时身体只要保持微微前倾，重心自动就会带着你的脚往前跑。

我们刚刚所阐述的，全都与"长期的上行"有关。是希望在本书落实到具体的"术"之前，先帮助你纠正一些大脑中的错误观念。但长期坚持所带来的回报毕竟是细水长流式的，有没有什么大多数人都能用到的快捷方式呢？肯定是有的。当你已经懂得使用正确的思维打底之后，在本章的最后，我们来分享一个很多人都需要的快捷方式：**反复横跳**。

很多人从小被家长和老师教育，要踏踏实实地在一个地方努力，从小兵到班长，从班长到排长，从排长到连长，从连长到营长……一路升上去，看能力、看努力、看运气，剩下的都看命。但你是否发现，很多歌唱家、表演艺术家被特招入伍以后，一下就能在部队里拥有很高的级别？

寒窗苦读十几年，最后考上清华，是一条路。但你是否发现，有一些人通过各种竞赛得奖，通过竞技体育或者其他渠道得奖，也能进入清华？

你从摆地摊做起，希望有朝一日生意能做大，这是一条路。但你是否发现，如果你是明星或者艺术家甚至仅仅是当地名人，你根本不需要会做生意，也能结识某位超级成功的企业家并深度参与到他的某些项目中去？

我们在日常生活中都会认识一些朋友，有些比我们成功，有些不如我们成功。那些比我们成功的很可能比我们工作上的领导还成功许多，但是他们愿意跟我们做朋友，而我们工作上的领导却不一定觉得我们跟他是平起平坐的。

理由很简单，纵向对比很容易。在他眼中，我是你领导，就是比你高级。但横向对比很难。你说是派出所的所长更牛，还是有 28 家店铺的连锁企业老板更有社会能量？

如果我是连锁企业老板，我可以跟某大公司的老板平等相交。但若是没有这位老板作为参照物，这家大公司的某位高管也能跟我平等相交，可老板和高管互相之间就很难平等相交，因为职级上就差了好几级。

所以你有没有发现什么秘密？你的上行计划有时可以利用

"领域之间很难横向对比"的特点，通过多次横跳来完成。

举个例子，有个人在互联网大厂当主管，当他想直接晋升到更高层级时，往往是比较困难的。此时一家规模稍小的公司刚好在那块业务上缺个总监，你觉得互联网大厂的主管更高级，还是规模小一些的公司的总监更高级？你无法横向对比，这时候你跳过去甚至都不能叫升迁。

可当你在那个总监位置做出成绩时，另一家互联网大厂的副总裁位置就可能向你招手了，依然是横跳，并没有谁比谁更高级。在公司内部或公司等级相同时，一眼就看得出来提拔还是平调，但如果是横跳，很多事情就模糊化了，也就有了轻松进步的空间。

谁都知道一只杯子不能换同款的两只杯子，但一只杯子换一本好书，很合理，而一本好书换一次咨询服务，也有人愿意，再拿一次咨询服务换回两只杯子，还是能找到交易者。看似无法达成的交易，通过反复横跳达成了。

如果你觉得某一条路并不是你想走的那条，但你在那条路上可以更容易上行一点儿，当说到你的成就时，也更不容易跟原来的那条路进行对比，那就可以先选择，等上行一点点后开始找机会横跳。只要每次都能积累一点点的横跳优势，用不了太多次你就会发现，之前那个离得很远的东西，现在已经近在眼前了。

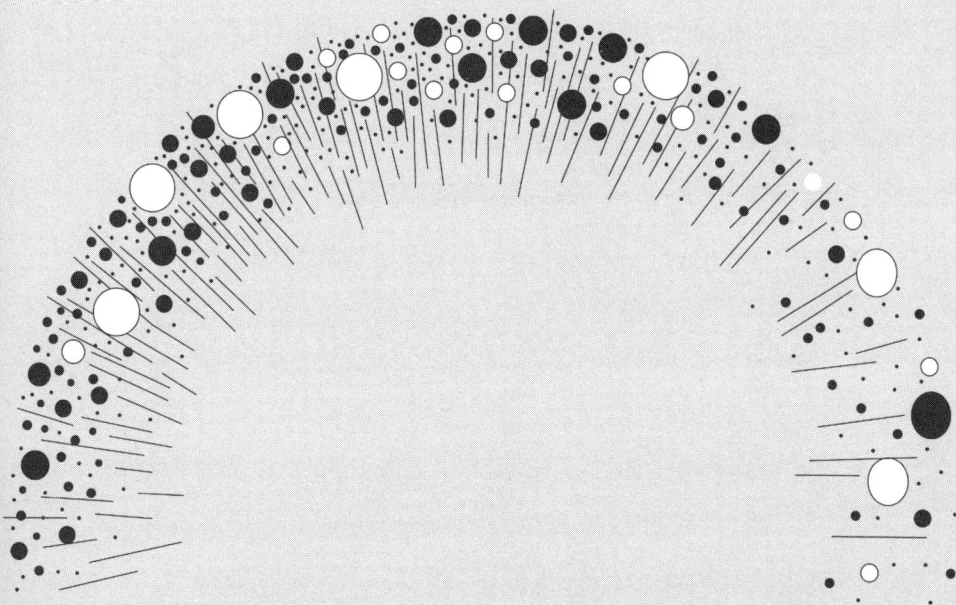

第二章

上行:
孤独的逆风之旅

上行清单：

1. 修饰的东西，永远没有主体本身来得重要。

2. 人无法在真正意义上跳出舒适区，但可以重新定义舒适区。

3. 一个好的成长目标，是既能明确感知距离，又能带来获得感的。

4. 焦虑并不可怕，因为焦虑是一种警告。

5. 只有那些位于我们达成长期目标道路上的短期目标，才值得我们去实现。

6. 千万不要放弃你的核心竞争力，那是你的安身立命之本。

7. 人生的"大起"需要运气，但要想不"大落"，就一定需要技巧。

8. 人的进步往往比看起来的要大，衰退也一样。

9. 每个领域都有真实话语权，不以明面上的身份、职位为界。

10. 当心理收益跟现实收益相矛盾时，心理收益的释放必须以不拖上行后腿为界。

11. 比起靠运气选对选项，排除错误答案对持续成功或许更有利。

只有你才能帮到自己

我曾经看过一张图，图中一位明星的穿衣风格很时尚，但同框的一名路人却穿着"老头背心"，对比非常明显。

当大家见到图后都在感叹明星的衣品真不错的时候，有人将两者的衣物进行了调换，此时人们才发现，原来明星穿老头背心也一样很"潮"，而给路人换上了明星的时尚装扮后却依然看起来很普通。

修饰的东西，永远没有主体本身来得重要。

我们在上行的路上，固然是需要贵人相助、人脉扶持、运气加身，但所有这些的基础，还是我们自身究竟是"扶得起"还是"扶不起"。有些人只需要 60 分的运气就能成事，有些人却需要 90 分，于是他们最终成事的概率自然就不同。

更进一步看，如果你相比绝大多数人更"扶得起"，那么你就自带了吸引贵人的体质，因为贵人最喜欢帮助的就是能够将帮助效果最大化的对象，就跟武侠小说中世外高人只收有资质、有天分、有恒心的弟子是一个道理。

上行的初期注定是孤独的，因为你还没有证明自己，所以没有人会关注你。而正由于没有人关注你，没有人愿意帮助你（做无用功的风险较大），导致你更不容易上行……显然你不可能做到

"强迫别人关注你"。因此，想要打破这个恶性循环，就只能先埋头苦干，忍受孤独的上行，直到你的上行幅度超越潜在的竞争者。哪怕只有一点点，你也更容易被关注到，让贵人觉得帮助你是一件"划得来"的事情。

每个人都是立体的，没有绝对的好或绝对的坏，一个人可能对这个人表现得友善，转头就对那个人表现得刻薄。你能看到的往往并不是一个人的全部，而是你是谁，才决定了在你眼中的他是谁。

"一个人越强大，受到的助力就越多，而一个人越弱小，受到的帮助就越少。"这反映的并不是势利，而是人们在行动中做出的无可指摘的高性价比选择——每个人做事时都会考虑性价比，尽管不能总是只考虑性价比，但大多数时候必定是高性价比优先。如若不然，你的大脑决策系统就等同于背叛了你，是对你的不忠诚，因为这代表了它不以你的最大利益为第一要务。

所以，当我们还没能证明自己，或者还没能脱颖而出的时候，贵人由于我们的低性价比不愿意花费过多的时间和精力在我们身上，我们可以理解这种选择。

"人必先自助，而后人助之。"只要你愿意先从自己改变，只需拼命取得一点点超越身边人的成绩，世界就会立刻变得明亮起来，周围人也会变得友善，人、事、物、机会都会逐渐向你汇聚，这样你就能进入一条正向加速的路径中。

定义你的不舒适区

上行是一件只有持续才能看到效果的事。我们在第一章快结束的时候分享了一个保持持续刺激的方法，因为只要是人就免不了在某些时刻怠惰，于是就需要外界刺激来唤醒我们的大脑，这算是一个"被动技"，跟孙敬和苏秦在学习时使用"悬梁刺股"的原理差不多。

那万一我们正处在一个无法接触提示词的环境中呢？比如窝在沙发中玩游戏的时候，看不到电脑桌面上的"努力"二字，有没有什么"被动技"可以随时随地触发？

有，但这需要有意识地改造我们的大脑。

有一些人一工作起来就不舒服，一看书就犯困；但有一些人一闲下来就会不舒服，玩游戏时会充满罪恶感，这就是不同的人的大脑对"不舒适区"的定义不同。

如果你的大脑在潜意识里认为工作辛苦、上行辛苦，是不得已而为之，那么自然是外力足够大的时候才愿意去做这些辛苦之事。很多人的执行力之所以"无法唤醒"，是因为缺乏上行的自我驱动力，他们只要能够维持生计，就不愿再付出额外的努力去上行，所以维持生计就是他们的刚性外力——这种刚性外力的标准是非常低的，大多数人轻易就能达到，从而会让这种外力消失。

反之，如果一个人的大脑认为今天没有看书、没有做上行相关的事，就像被蚂蚁啃咬般难受，那么他自然会选择把自己定下的上行任务完成。

许多热爱健身的人士应该有这样的体验，一天没健身就焦虑得不行，感觉在照镜子时，脸都大了一圈，于是赶紧出门跑步。这就是大脑的不舒适区跟普通人相比已经调整到优秀状态的证明——当你的舒适区调整到跟你想要努力的方向一致，而不仅仅是跟你身体最原始的欲望的方向一致时，一旦你偏离自己的努力方向，就会有一种生理不适感，催促着你回到正确的轨道上来。

我们常说的舒适区，指的是狭义的舒适区，即身体最原始的舒适区，"跳出舒适区"指的也是跳出这个舒适区。

可是从广义上看，人真的可以跳出舒适区吗？

人只能定义自己的舒适区，如果跳出身体原始的舒适区才能让大脑更舒适的话，那就不能叫作跳出舒适区，而是重新定义了舒适区，把原本的舒适区与不舒适区互换了。于是在普通人看来你是跳出了舒适区，但从你的感受来看，反而是跳入了舒适区。

如何重新改造和定义不舒适区？在我个人的成长历程中，有三种方法是相对有效的。

加大对恶劣后果的推导

大部分时候，我们的推导需要严格遵循逻辑，但如果我们原本的目的就是要给自己"洗脑"，那么暂时地放弃逻辑就是一种更明智的举措。

比如所有人都知道，就算今天不读书、不学习，也不会必然导致十年后变得贫穷，因为它是一个概率问题。影响人生的因素有很多，每个单一因素都不会必然导致某个结果，受到影响的只能是人生的发展趋势。但如果你想要在这方面有变得更好的趋势，想给自己洗脑，就不能保留这种逻辑，因为它会让你的侥幸心理乘虚而入。

你应该学着像"逻辑小白"那样去推导事情：如果我今天不学习，明天也不学习，而我的竞争者们都在学习，他们就会获得比我更多的机会，拥有更大的平台。我不仅会被同龄人甩在身后，还会被更年轻的后辈追上，逐渐失去尊严、幸福、友情，成为一个彻头彻尾的失败者。

把这种逻辑不严谨的概率性推导转换成必然性推导，然后将其植入大脑，那么当你不学习时就会感觉芒刺在背。

夸大正面后果

和第一种方法对应，如果你很想做到一件事，且你十分清楚这件事有益无害，只不过这件事对你的未来是有概率性、而非决定性的帮助，也就是从"做了"到"得到好结果"的逻辑不够严谨，你很难说服自己"我必须要做到"，这时候该怎么办？

同样，去暂时性关闭自己的逻辑大脑。

在 2009 年，我父亲希望我能考公务员，所以他会经常将公务员的收入说得很夸张，而此时的我也正需要一份稳定的高薪工作，于是我刻意地不去求证真伪，权当父亲说的是真的，这就给了我更多的备考动力。

尽管入职之后发现公务员的收入并没有高到父亲说的那种程度，但也的确是在我的理想范围之内，重要的是在这种激励之下我顺利考上了公务员。

如果你知道做哪些有成长性的事情能让你变得更好，但你清醒地知道这种"更好"只是一种概率性事件，那就从现在开始关闭你的逻辑大脑，告诉自己，只要我坚持读书十年，坚持本书里提到的成长模式十年，我就一定能得到自己想要的，也就是"手动"将成功的概率调成100%。

制造更多"坏人"

很多时候，我们的惰怠来源于生活给予的安全感。这种安全感可能来源于物，也可能来源于人或环境。

如果一个人拥有的物质充足，身边也有许多善良的支持者，还少有凶狠的竞争者，那么想让这个人为了上行去拼命一定非常困难。

往往只有当这个人身边都是"坏人"，哪怕只是自己想象出来的坏人的时候，才会让其产生跳出这些人、赢过这些人，以及向这些人证明自己的动力。例如你的亲戚朋友都是极端势利之辈，上行就成了你想要获得尊重的必需品——哪怕你的内心并不想上行，你也不得不为了在社交中获得更好的情感体验而上行。

所以，如果你想给自己创造更多的动力，那么你可以试着去"制造"更多的坏人。而当他们渐渐成为比你弱的一方时，再与他们"和解"——此和解并非与他们在现实中和解，而是与你内心创造的那些恶意的幻影和解。

正确的上行目标是什么？

上行需要目标，甚至可以说，没有目标的上行是不可持续的，因为你会连偷懒都意识不到。

举个例子，如果你没有定下三年内赚到 100 万元的目标，你就不会对今天放下书本、放弃寻找新项目，转而去玩游戏这件事有任何的负罪感。用上文的说法，目标的刺激能协助你重新定义自己的不舒适区。

很多人都在说上行，到底什么是上行，读读书、听听课是不是就叫"正在上行"了？它们可以是上行的一环，也可以不是，因为它们只是一种手段，手段何其多，但最后并不一定都会导向你要的结果。

上行需要你心里有一个想去的地方，有一个想成为的人，然后坚持读书、践行长效性的手段，再辅以一些短期提升的方法，最终把自己代入到那个智慧又成功的优秀形象中。

那正确的上行目标是什么样子的？很多人的目标就是"比昨

天好一点点"，这属于上行目标吗？属于。但这是不是一个好的上行目标？并不是。

因为什么叫"好一点点"呢？你必须定义一个可以自我感知的目标，这样你才可以清晰地看到自己离目标究竟是越来越近还是越来越远。比如你开了一家小店，你此时的上行就是让小店的营业额翻倍，因为这是可以自我感知的目标。

只有这样，当你离既定的目标越来越远，或者你在做一些离目标越来越远的事情时，你就会马上感知到。这种感知不一定能让你立刻放下那些拖你后腿的事情，但会给你增加一种压力，让你走入不舒适区。除此之外，这个目标的实现还必须在你回望的时候有一种"获得感"。

明天看的书比今天多一页，是不是可感知的目标？是。但当你过一段时间回顾时，"看书的页数多"这件事并不能让你有多少获得感或成就感，你并不会因为看书的页数多而觉得自己就领先别人一个身位。

经常有读者向我反馈，说自己的朋友觉得自己改变很大，思想更有深度了，能一眼看穿事情的本质，这就是获得感，你借此得到了一种确定的好结果。而光是看书的页数多，或是啃下几本难啃的书，并不一定能带来深刻改变的获得感或成就感。

所以一个好的上行目标的制定，首先要让自己能明确感知到，其次当它达成的时候，可以给自己带来很强的获得感。

如果达成后发现获得感不足，即觉得尽管达成了上行的目标，但又觉得似乎上行了也没见到多大提升，那就说明上行的目标必定有一定程度的偏离——你设定的上行目标，很可能并不是你真正在意的结果。

而随之而来的最大副作用，就是会对你下一次准备上行的决心产生非常大的影响。

面对真实的自己

成长和上行，只和我们自己有关。

与上行有关的行为并不是一种表演，不需要被人看到，我们只需要清楚自己在做什么，以及自己的水准在什么位置就可以了，无须丑化，也无须美化。

乔纳森·海特在《正义之心》里说："我们的大脑是律师而不是法官。"大脑为自己找起理由来是不遗余力的，且可以轻易地骗过自己，我在学习和工作的过程中就发现了这件事。有一些时候，我会看着下班时间——快到下午 5 点了，再做点儿什么就可以下班了。我作为公司的老板尚且如此，就遑论等着别人开工资的员工了。

有时我会因为社交而把学习放在一边，并告诉自己"我正在做有意义的事，我没有浪费时间，学习、成长、工作很重要，但社交也同样重要"。可事实上，大部分时候都不过是一些平常的熟人社交罢了，且我完全有能力兼顾以上这些事，但我会借故沉浸在社交中，宁愿将时间浪费，也不去做其他"需要耗费脑力和体力的事"，这样便可以心安理得地不做。

如果你的内心在逃避了什么之后有一种小庆幸，那你就必然做不好这件事，因为你没有定义好你的不舒适区。如果说，在学校这样强制力相对较强的场所，天资聪颖的人还可以被逼着用一点点时间做好自己十分厌恶又时刻想逃避的事情的话，那么在成年人普遍面对的更宽松的社会环境下，在"自学才是真正的竞争"的条件下，有效时间将被无时无刻的逃避天性压缩到最少，那么天资再聪颖也是白费。

真实的自己往往没那么优秀，但如果想持续上行，必须要学会面对。很多人做着一切貌似有用、好像能上行的事，但从来都不敢接受对结果的复盘，也不敢接受考试的检验。

逃避体检的人是真的认为体检没用吗？不，他知道自己有问题，大脑可以被欺骗，但潜意识不能，只不过我们平时不把它放出来而已，所以才可以认为"不体检就等于没看到问题，没看到就等于不存在"。同理，有些人知道自己最近吃多了，所以才怕称体重，因为一旦称了体重，潜意识就会变成显意识，这样就无法心安理得地放纵自己继续吃了。

真正的上行从来都是艰苦的，是需要付出很高的时间成本的。害怕复盘结果的人，往往害怕的是结果会把潜意识调出来，进而告诉大脑"其实你是在欺骗自己""其实你是在逃避"，这样他们就只有两个选择：要么接受停止上行，要么经历艰苦的修行。前者会产生焦虑，后者会产生痛苦，大部分人其实是两样都不愿选的，而中间态的"自欺欺人"最舒服——反正我在努力，若是最后得到的结果不好，就是因为社会的底色不对，是社会没有为我这样的人留一条上行之路——他们甚至连未来无法上行的借口都找好了。

其实根本就不需要那么麻烦，我们只需静下心来看看自己的状态，就可以知道未来的结果了——大脑可以当作不知道，但健康会不知道吗？身上的脂肪会不知道吗？上行会不知道吗？既然如此，那为什么还假惺惺地期待未来会发生奇迹呢？

焦虑不可怕，因为焦虑代表着警告，上文提到过，正是你定义了正确的舒适区，才会产生"正确的焦虑"。但自欺欺人则相反，手动关闭了警告，这是把自己推向火坑的最快方式。

《决断力》中提到过一个叫"绊网"的概念，它就像"逃跑闹钟"——一种到时间了就会翻下你的床头到处跑的闹钟，逼着你意识到此刻"该做什么事"，以及不得不起身去关闭它。焦虑就是我们的"绊网"，是对状态偏离正轨的重要提醒。

现在，我会对类似的大脑借口和某些心安理得的状态感到警惕，偶尔在大脑中蹦出来"虽然……但我也在……"的句式，我也会默默打自己一个耳光清醒一下：醒醒，这不是真实的我。

专注你的上行节奏

每个人都有自己的上行节奏，因为每个人所处的环境不同、背景不同、擅长领域不同、天赋不同、机遇不同，所以上行的节奏必然是百花齐放，各有其最优路径。但很多人出于安全感，就喜欢沿着别人的上行路径走，哪里人最多就去哪里，别人干什么他也干什么，这样的上行效率必定是低下的。

任何领域只要成为热点，参与的人就必然增多，就会迅速出现"饱和"现象。一旦市场饱和，就很难再用提升效率的方式做大蛋糕，于是其中的每个人由于都想在存量蛋糕里多分一点，只能不停地进行"军备竞赛"，这就导致每个人都需要付出比原来更多的努力来得到相同回报，直到一部分人退出竞争后才能恢复平衡——这就是市场的力量。

"军备竞赛"对身处其中的成员当然不够友好，但不要单纯地认为它是一种畸形的社会形态，其实它非常正常。有人参与就会有竞争，例如外卖行业，当大家都能用 5 分钟送餐时，耗时 10 分钟的人就会被淘汰，系统不会管是不是除了你，大家都不遵守交通规则。因为系统作为一个整体，也需要跟其他系统竞争。而在系统级的竞争中，消费者是不会管某个系统是不是多照顾了骑手一些而在竞争中落后了，他们只会依据"我点的外卖是不是能最快送到我手中"来投票。

在"军备竞赛"中获胜的人，都是愿意付出更大代价的人。他们无法在其他领域通过更少的努力、冒更小的风险获得相同的回报，所以他们选择继续"军备竞赛"。如果你认为风险回报比太高，自然就会转向其他性价比更高的行业，因此它不是没有解，而是很多人不愿意解，同时也不想让别人赢得"军备竞赛"。

可每个人的情况不同，导致了不同的人对性价比的定义不同。

当你觉得这种风险回报比不能接受时，有的人就能接受，因为他们的技能更差，可选项更少，又或者更不把自己的健康和生命当一回事。

这就是自由竞争的威力，当一个门槛更低的地方拥入更多相对于你来说"替代选择更少"的人以后，自然就把替代选择更多的你挤出去了。系统只关心社会总产出是不是最大，因为它是宏观的，例如让五个人受益的同时让三个人的利益受损，但它不关心到底是哪个个体的利益受损了。

很多人抱怨某个行业竞争激烈，但又忙不迭地跟着其他人冲进去，并试图让其他人跑得慢一些。

然而这并没有用，因为其他人并不会听你的，重点在于你为什么总是喜欢参与到一大群人正热衷的事情里呢？但凡所有人都能进去狂欢的圈子，都是没有门槛的，你又怎样跟这么多人竞争呢？

每个人都有自己擅长的事，都有自己需要长期坚持的事，都有自己要补充学习的东西，自然也有自己的上行节奏。你专注的这些事或许单拎出来没有什么门槛，但顺着自己的节奏一直上行，你独特的做事节奏和时间搭配会让它们变得有门槛。

你需要专注在一个长期有效的目标上，屏蔽噪声，不理会短期内是否达到了他人的期许标准，这样才更有可能实现一些在更长的时间尺度中让人感到惊讶的成就。

下文有三种上行轨迹，看起来每个人都在努力上行，有些人每一步都有一步的效果，例如图 1，尽管这个人在从 A 到 B 的过程中，每次都没有最优地达到别人眼中的那些小目标（小黑点），总是有差距，但他知道自己在做什么，不在乎他人一时的掌声和评价，每一步都是走向自己心中那个终极目标的最短路径，当他到达 B 的时候，周围人会很奇怪"这人之前似乎没有实现过任何大的成就，怎么突然就这么牛了？"而有些人看起来每次都能达成别人眼中的小目标，例如三好学生、优秀员工，但实际上却需要走更长的路，例如图 2。还有一些人为了迎合各种各样的社会评价，始终在踩那些别人心目中的"优秀点"，他的上行轨迹就有可能变成图 3 的那种形状。

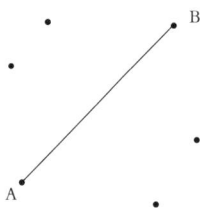

图 1　无视噪音路线　　　图 2　好学生路线　　　图 3　活在别人期待中路线

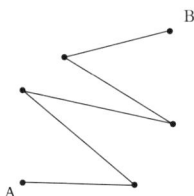

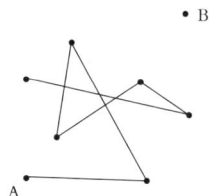

对于我们从小到大从长辈嘴里听到的很优秀的一部分人，泯然众人的并不在少数，于是长辈们会得出"小时了了，大未必佳"的结论。其实不是这个道理，是我们判断一个人是否优秀一早就偏离了这个人是否真的优秀的标准，但我们却固执地把谁更接近上图 1~3 的小黑点称为"谁更优秀"罢了。

在我小的时候，速算非常流行，就是那种一看到两位数或三位数相乘的题就能瞬间说出答案的技能，掌握这种技能很容易被家长和老师称为"聪明"，甚至有些文化程度不高的家长还认为这种孩子的数学成绩肯定不错。其实这种算术技巧完全没用，而且跟思维训练也不沾边。

我们必须明白，只有那些位于我们达成长期目标道路上的短期目标，才真正值得我们去实现。其余时候我们都只需专注于自己的上行节奏，不管外界如何评价，优秀也好，无用也罢，我们的眼里应该只有自己的上行路径。

这件事别人无法代劳

每个人都有必须亲自做的事，比如吃饭，没人可以代替你吃饭；比如吸收知识，你最多只能从"吃粗粮"改"吃精粮"（比如我在蚂蚁私塾里将经典书籍进行精粮加工），但没人能代替你吸收；比如锻炼，你花再多的钱请私教，也没人能代替你长出肌肉。这些事你必须亲自动手。

还有一些事情，你若不亲力亲为，疏于亲自操练，就会渐渐丧失对它们的掌控力，直到你的核心竞争力彻底消失。

假如你是一个作家，理论上没人能代替你创作。但如果此时你想转型成为一名商人，将大部分精力用在商业经营上，那么你就可以让别人帮你创作和思考，你只负责审核、校对和整理。如此一来，你就会渐渐失去原创出好产品的能力。

人的能力是用进废退的，和身体肌肉一样。就算是健身教练，也得长期通过大重量抗阻训练来保持对肌肉的刺激，否则肌肉就会自然萎缩。人体是非常聪明的，如果你不一直对肌肉进行极限刺激，当它意识到这么多肌肉长在你身上没多大用处反而还白白增加了能量消耗的时候，它就将这些肌肉分解，让你的能量消耗降下来，就像公司裁员以应对业务量的下滑一样。

大脑也是如此，如果你不常对某一种有难度的技能进行刺激性练习，那么当你再想用时，技能的熟练度就会差很多。此时感到费力的你可能就不想辛苦地重建连接，于是就渐渐失去了这种技能。

由于工作的关系，我认识很多自媒体的头部作者，当他们的自媒体号还不成规模时，每篇内容都是自己原创，时有精品产出。但当自媒体的规模越来越大以后，各种非创作性的事情就越来越多，比如走线下、出席活动、上综艺，团队也会越扩越大，渐渐从一个创作者变成了老板、网红。他们还能更新有深度的原创内容吗？能，只是做这件事的性价比看起来不高了。于是，他们往往会找一些优秀的实习生帮他们创作基础内容，他们再花不到半小时修改甚至不过问直接上线。

有一次，我跟其中一位老板聊天，他对我不管是书籍还是文章"竟然完全由自己创作"感到非常吃惊。他问我是如何同时管理这么多家公司还能保持创作产出的，我说其实很简单：人不存在没时间，就是取舍问题（将在第三章详细解析），当工作有冲突时，我往往更愿意保留"看起来性价比没那么高"的创作能力罢了。对此他坦言，现在自己创作一篇精品内容要比之前困难许多，所以也渐渐更愿意将精力放在其他地方。

当然，他们的这种做法并没有什么严格的不妥之处，人当然应该把手头上的杂事尽量分包出去，这样才能腾出手完成更重要的事，否则总裁为什么需要助理？可每个人都得清楚自己的核心竞争力是什么——你是说相声的，那么相声水平就是你的核心竞争力；你是当演员的，那么演技就是你的核心竞争力；你是唱歌的，那么唱功就是你的核心竞争力；你是从事开发工作的，那么技术实力就是你的核心竞争力……

你可以无限扩展你的能力圈和业务范围，扩大你的团队帮助你完成各种综合性的事务。在你的事业顺风顺水的时候，这一切都没有问题。但你一定要清楚，当你某天跌落谷底时，你还能靠什么被别人定义？找到它，这就是你最后赖以生存的东西，必须将它牢牢地掌握在自己手里，任何人都不能代替你维持和精进这种东西。

千万不要放弃你的核心竞争力，那是你最核心的安身立命之本。

不下行，才有机会上行

每个人在这一辈子都会遇到一些机会，基础条件差的人遇到的机会小一点、少一点，基础条件好的人遇到的机会大一点、多一点，但无论是谁，这一辈子总会遇到。

每当我们上行到一个新阶段时，我们就大概率会受到一些做更大事情的诱惑，这些诱惑是我们在下层时看不到的。此时，我们会很自然地想趁势获得更大的成就，但却容易忽视"我们当前的上行，很可能只是大量运气加成后的结果"这回事。

如果你去观察一个人的一生，会发现很少有人是一直停留在同一个社会水平线上的，大多数人都是起起伏伏（图4），上升时是遇到机会，下落时是遇到意外或者搞砸了某些事情。

不过有一类人，他们的人生轨迹几乎是只有起、没有伏（图5），那他们是怎么做到的呢？

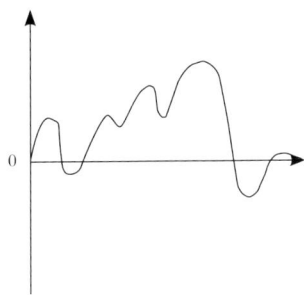

图4　普通人的人生起伏　　　　　　图5　稳健者的人生起伏

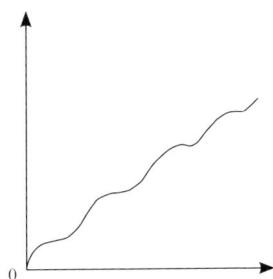

以长跑为例，长跑由于距离较长，在跑完几圈后往往会分出几个"梯队"。如果此时离终点还有较长的距离，而你又处在较后的梯队，还有余力往前追的话，你会一口气追到第一梯队或第二梯队然后试图跟着他们跑吗？除非你的实力远超其余人或者你非常了解你的对手们，否则你就应该一个个梯队地慢慢追赶，先跟上前一个梯队，跟着跑一段以后再追上更前一个梯队。

当你赶上了前一个梯队，感觉自己还有余力的时候，是最容易受到诱惑的，想要一鼓作气往上冲，毕竟有谁不想当第一名呢？

但你要明白，每一个梯队都有自己的节奏，如果你还没熟悉这个梯队的节奏就以为自己可以超越这个梯队，那就有可能把体能提前耗尽，最后连在现有梯队的位置都保不住。

人生起落是等闲事，大起需要运气，但不大落，就一定需要技巧。

例如，你会如何对待因运气收获的第一桶金？你会用来购买负债，比如最新款的车、最新款的奢侈品，还是用来购买能产生正现金流的资产，还是误以为第一桶金是由于实力和做事模式正确，于是继续投入"运气事业"之中？

这里需要有自知之明，更需要有正确看待财富的意识，以及正确安置财富的习惯。每上行到一个新的梯队，都不是命运的理所当然，自然也有全新的"玩法"，你得先拥有把自己当前位置保持好的能力，好好观察周围的情况，然后再决定下一步该怎么做。

下行的门一直都是开启的。越是处于低位，上行越难，因为同处低位的基数大，运气更难挑中你；但上行以后下行却很容易，因为越往上走群体的基数就越小，此时尽管继续上行更容易，但如果你没有保住当前位置的能力，下行也更容易选中你。

此时如果你再想回到原来的位置，显然要比保住当前的位置更难。

上行的蜗牛策略

最好的上行策略是什么？走一步大的，走几步小的；再走一步大的，再走几步小的……步伐大小不一，但持续不断地向上走。

几乎每个人都听过"龟兔赛跑"的故事。在这个故事里，由于乌龟和兔子的奔跑速度实在相差太远，所以尽管寓言故事的最后让乌龟拿到了胜利，但当大家代入角色中时，还是更愿意成为兔子，因为大家都认为如果自己是那只兔子的话，只要中途不休息那么久，就可以轻松获胜。

但现实中，只要思维层次在同一层或差个一层半层，人和人之间就很难有乌龟和兔子的差别。有人跑得快一点的情况的确有，但很难造成数量级的差距。所以，如果有的人一直坚持向上跑，而有的人则跑跑停停甚至还退两步，那么不管这个人跑得有多快，大概率都是赢不过那个一直在跑的人的。

只要一直前行，哪怕是像蜗牛或者乌龟一样慢慢往前爬，最后依然能跑赢大多数的人。

不管在投资、创业，还是在写作的过程中，我都有这样的体验和经历，就是原本一起"起步"的人，最终总会由于五花八门的原因一个个掉队，然后就不再是同路人。甚至那些原本遥遥领先你的先行者，也有可能会由于犯了什么致命的错误，又或者突然懒惰了，还有可能有所谓"更有性价比"的事情做，从而再也回不到竞争的队列中。

我们对人和人之间的差距常常有一个低估和一个高估。低估的是，如果人和人之间除了世俗价值的差距外，在思维体系上也有巨大的差距，那么这两种人之间的差距就是非常大的，而且在思维体系不追上之前，原本的世俗价值差距更是难以追上；但高估的是，假如思维层次都处于一个较高的维度，那么就算两个人在世俗价值上暂时看起来有很大的差异，但只要一方持续前行，持续遇到哪怕是微小的好运，也容易缩短两个人之间的差距，前提是另一方开始走走停停甚至是后退。

很多人并不真正理解蜗牛策略的威力。爬过山的人都知道，看到对面的山很远，就很容易泄气，有一种爬不到的感觉，这就是我们往上看我们跟其他人差距时的感受。但如果你只是专注于"爬"这件事，其实最终也能抵达。所以，假如对面的山不动的话，我们很容易就能爬上去。人也是一样，前面的人只要一停止前进，你就有机会超过他，如果他后退的话就更不用说了。

很多人看自己脚下走得慢就容易泄气，一泄气就容易放弃，一放弃就自我实现——果真追不上——不理解现实世界中的进步和追逐是怎样的真实状态，就容易掉入这样的陷阱。

当我们按正确的方式成长和上行时，我们的进步会比预想的要快，而别人的衰退也会比我们预想的要快。只不过这种追逐大戏，一定要在遇到某个契机时才会在"前端"展示出彼此的距离是拉近了还是拉远了——人在遇到机会或者做错事后，世俗价值是跳着走的，而不是一条平滑的上升或下滑曲线。但你不能说还没到那个价值跳跃的点，之前的成长和积累就没有用——那些东西就是你实现价值跳跃的引子。

正如我在前言中所说，我们可以把人的世俗价值比作游戏人物的战斗数值，战斗数值并不会实时调整，不是你今天打了一个怪兽，你的战斗数值就从 50 变成了 51，你可以理解为展示在前端的战斗数值是两年或者三年一调整，到了那个调整的时刻，战斗数值就会一次性把你现在的积累给展示出来，比如有些人从两年前的 50 变成了 500，但你不能说这个人就是在战斗数值调整的那一天才突飞猛进的。其实，数值每天都在后台进行着调整，只是前端不显示罢了。

比如减肥，很多人跑了几天步，觉得体重好像没变，于是很快就放弃了。但对于那些容易放弃的人来说，更正确的做法是什么？以周为单位去测体重，以月为单位去测体脂就可以了，放弃以天为测量周期。如果你的目标是一天减掉 1 斤，前两天没动，不代表第三天不会直降 3 斤。

蜗牛策略的强大之处，在于它无视短期回报，只坚持做自己认为正确且有益的事情。这样最终你会发现，当遇到机会，回报一次性获取的时候，将其平摊到每一天，其实你的成长效率是很高的。

最可怕的还是一旦你开始养成这种策略习惯，坚持做下去就会越来越容易，无须花费过多的意志力；而那些没有这种习惯的人，等到被你反超后，几乎没有追回的机会。尤其是在那些需要不断更新知识储备的新领域，只要不持续深挖，用"做事"的压力逼着自己学习更新的知识，一旦出现空档期后再想回来，要补的知识就会多到你没有兴趣再进入，微小的差距也就渐渐变成了鸿沟。

增加他人对你的依存度

蜗牛策略主张"但行成长，莫问前程"，这才是真正不依赖天赋的、普适有效的策略。很多人在做事的过程中，就是因为问了太多的"能得到什么"，从而看不到真正对长期而言更重要的事。

人们常常为了 35 岁以后的职业发展而焦虑。35 岁以后，很多人沦为了"低性价比者"——跟不上时代，加不动班，要求却远高于刚毕业的年轻人，因为他们得养活全家。

我们在年轻时的"斤斤计较"，究竟给我们带来了财富还是安全感？其实都没有，因为大多数人并不懂一个人在社会中能够持续处在一个不低的水平线上靠的是什么。

这个世界上，我们劳动也好，学习也罢，不管有没有薪水上的回报，价值最大的都不是我们的收入，而是增加他人对我们的依存度——当别人比从前更需要我们时，我们的身价就更高了，存活力也越强；当别人比从前更不需要我们时，我们的身价就会更低，存活力也越弱。

这个身价并不代表你当前拥有的财富总量，也不代表你当前为他人产出了多少价值，而是你能对他人有多高的潜在价值，以及这份潜在价值的可替代性如何。

比如在一家公司里，你在某个环节的专业能力或者积累的资源非常强，导致老板没你不行，那么就算他不给你涨薪，也迟早会有其他人出更高的薪水将你挖走；而如果你是打杂的，尽管劳动不分贵贱，却有价值可替代性的差别，因为这件事并非只有你能做，所以别人对你的依存度更低，相应的，你的薪水也就更低。

有人说，老板工资没给到位，所以我可以心安理得地偷懒。我不会在工作时间以外思考工作的事情，我也可以不用心，不学习新知识。如果你也是这么想的，我建议各位读者想想下面三个问题：

1. 你的对手是谁？

2. 你的盟友是谁？

3. 你的职场时间有多长？

显然，大多数时候，我们的对手是公司中同岗位的其他同事。这个同事是泛指，既是公司里的同事，又是所有同类型公司同岗位的所有同行，是他们的水平和薪资，决定了我们可替代性的强弱，也决定了我们的收入水平。

大多数时候，我们的盟友是老板和其他跟我们合作而非竞争关系的同事，有人说老板不是跟我们抢利润的吗？不，我们跟盟友是一种共同协作完成任务，然后由老板这个承担更多风险的角色来分配利润归属的关系。如果老板分走的部分过多，那么他就留不住不可替代性强的盟友，因为他们随时可以找其他愿意分更多利润的老板合作。

大部分人的职场时间，有三四十年之久。换句话说，到了很多人心目中的"中年危机"，例如35岁，在很多人心目中职场发展几乎已经定型的年纪，其实才过了三分之一的时间都不到。

当我们在考虑"今天多学习一些，老板付我们的薪水跟我做的事情就不对等了"时，我们是否有想到明年、后年以及十年后自己在干什么？

我们多做一些自认为有成长的事情，并不是心地善良地想为老板带来多少收益。如果能顺便给老板带来收益当然也不错，如果老板愿意顺便给我们增加一点收益那就更好，但我们的出发点，一定是为了提升别人对我们的依存度，让我们自己能够更值钱，让别人更离不开我们——就算没有任何报酬，我们也非做不可（很多学徒为了习得某些本事往往愿意放弃收入）。

我当过员工，当过老板，做过投资人，也做过别人的合伙人，这让我发现一件事，那就是几乎在每一家公司中，都有一个叫"真实话语权"的东西。

所谓真实话语权，既不分角色，也不分头衔，更不分岗位。所以，一家公司里真实话语权最大的可能是老板，可能是投资人，也可能是某位员工。

而真实话语权如何获得？它并不是由谁分配，而是每个人自己"挣"来的——谁在价值协作中提供了更多不可替代的贡献，谁的真实话语权就更大。比如在某家公司中，我虽然是大股东，但合伙人揽下各处重责，辛勤耕耘，直到这家公司少了他比少了我还严重，那么他的真实话语权就大于我——他也可以提越来越高的业绩激励，直到收入最终超过我。

再比如我们一起合伙开店，如果你是"甩手掌柜"，所有的工作都由我一个人来做，看起来虽然不影响彼此出资占的股份比例和利益分配，但你就不能怪我动"歪脑筋"——等这家店火了，我分到了自己可以独立开店的钱，为什么还要继续跟你合伙呢？

大学刚毕业的时候我待过一家公司，有个销售人员的收入比老板还多，因为他跟老板是以七三比例分利润，他拿七老板拿三。这家公司的业务里他一个人接下的就占到了一大半，所以他的总收入自然比老板还高。当时我问我的主管，为什么利润分配是这种比例？她说因为这个销售人员每次参与的投标都能中。这就是一种真实话语权。

无论我们做的是对上行有助力的事情，还是仅仅在消磨时光，一天的 24 个小时总会过去。有没有即时收益有时并没有那么重要，你究竟做了什么，其他人也不一定能看出来，就像你每天都去健身房，并没有人关注你是否真的在锻炼，但一段时间后你的身材会告诉你。

同理，你每消磨一天，尽管在你下月的收入中不会反映出来，但别人对你的依存度就会减少一分。所有不利于别人更需要你的事，都是你的人生阻力，你以为消磨工作时间是赚到了老板付出的薪水，其实坑的全都是自己的未来。

专注实体，远离虚浮

成长和上行为什么这么难？因为它是一件客观的事情。它需要人们先暂时忘记自己的心理收益，专注于实际的收获，接着以此为基石，再去实现更大的成就。这件事对年轻人来说是尤其难的。

年轻人刚独立不久，迫不及待地想证明自己，极度害怕他人的轻视，所以会抵不住虚浮的诱惑，去做一些短期在心理上受益但对上行有害的事情。

在绝大多数情况下，现实收益和心理收益是一对矛盾体。

炫耀获得心理收益，却增加了别人对你的嫌恶（就算有些人因为慕强而亲近你，也会给你带来必须从方方面面"夯实炫耀内容"的压力）。

自尊心太强获得心理收益，但不得不放弃现实收益——要么得罪人，要么赌气不要利益。

虚荣获得心理收益，却增加了现实成本——别人有的我也要有，买了不需要的东西或被奢侈品收"智商税"。

嫉妒后的自我安慰能获得心理收益，却影响了理性判断——朋友买的资产大涨，自己本有机会"上车"却没买，于是赶紧期待其大跌——嫉妒蒙蔽心智，导致对投资标的前景的再次错判。

心理收益和现实收益大抵是图 6 的这种关系：

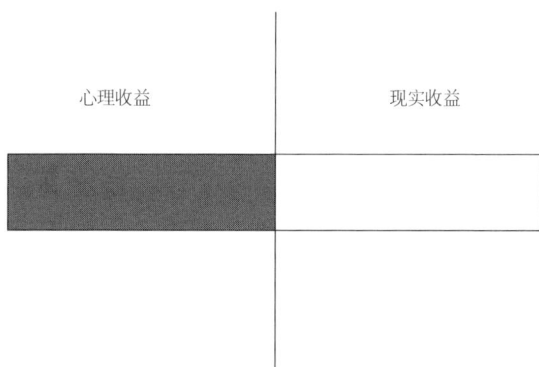

心理收益　　　　　　　　　　现实收益

图 6　心理收益与现实收益关系图

总收益是一定的，你可以把中间那条线左右移动。但我们知道，一定是增加右侧部分的面积才能让我们成长和上行得更快。中间这条线每往右移一点，都会成为成长的负重，每增加一点负重，我们就需要有两倍的成长才能维持原速，这是一道简单的小学数学题。

那我们难道就不需要一点点心理收益了吗？难道我们不可以在某些时候让自己感觉好一点吗？当然不是。我们在对上行的渴望中，一定有一部分渴望是对心理收益的渴望——我们渴望获得尊重，渴望获得心理上的优越感。但怎样才能让我们的心理收益总量最大化呢？

当一个人有了 1000 万的资产，年入 100 万时，买个 1 万块钱的包并不会拖财富总量的后腿。同理，当心理收益跟现实收益相矛盾时，心理收益的释放必须以我们当下所处的社会位置、现实拥有的物质为衡量标准。若是当下释放的心理收益量会导致我们的上行显著变慢，那么最好就放弃它。

成长的一步就是一步，任何虚浮都是对时间的浪费，甚至会消耗已有的成长资源。我经常打一个比方：你在健身房拍照打卡或许能够收获他人一时的赞许，但无法得到肌肉和脂肪的尊重，更不用说特地过去拍照打卡还浪费了本可以用于其他上行机会的时间，这些都是机会成本。

稳定上行大于暂时成功

在上行的过程中，我们免不了走一些弯路，就像你现在，我断定你走过不少弯路，但必定也积累了一些属于你的独家经验。

人对成功有一种天然的偏好，对失败有一种天然的抵触。因为人们认为成功肯定是做对了事情，而失败肯定是做错了什么，所以人们崇拜成功者，鄙视失败者；模仿成功者，远离失败者。

但事实并不完全如此，有些成功是因为做对了事情，而有些成功单纯就只是因为运气好。一个人成功了，不代表他这个人本身的价值就提升了，这是两码事，而没有价值提升的成功往往是不可持续且不可复制的。

比如，我们在校园时代的考试中做选择题，尽管选 C 选对了，但不代表我们真的会做。如果我们因为猜对了而在错题订正中忽略它，那还不如选错了更好——没有遍历错误的正确，隐患就一直存在，且越到后面的重要时刻，影响越大。

有些孩子在上小学时的成绩不错，到了初中后则一落千丈，如果学习态度没变，那么通常就是由于基础不扎实导致的。考试的时候可以耍小聪明，只要把题做对就行，但考试分数并不能代表一个学生的真实水平，考完试以后还是要认认真真落到每一道题的解答上，并不是对的题就可以忽略，因为下次未必还能猜对。

成功，只是一种暂时的结果状态，它由一定比例的自身价值和运气所组成。自身的能力和价值，会影响成功的概率，但不能直接推导出成功的结果。

你可以想象成两个人抛硬币，一个人抛到正面的概率是50%，另一个人是55%甚至60%、70%，这不代表这两人在猜硬币正反面的竞赛中，如果只论一次时前者一定会输。如果你只观察人生中的某一段，也就是进行有限且少量次数的比较，你会发现成功中运气的占比是很大的。但如果你把时间段不断拉长，在越来越多的次数博弈下，受大数定律影响，后者笑到最后的概率就会高出许多。

举个例子，前者或许先连续抛到了5次正面，也就是先获得了一些成功，但后来因为各种原因导致"正面率"下滑，也就是均值回归；后者可能一开始抛到正面的次数少，但只要他抛到正面的概率始终大于前者，那么还是有更大概率会后来居上。

所以你有没有发现，在成功的路上，其实你只需专注自己的成功概率，看看今天对比昨天有没有一丁点的上行，完全不需要管今天抛出的是不是正面，也不需要管你周围的人今天抛出的是不是正面，这才是最正确的决策。所以本章的主题叫作"孤独的逆风之旅"。

失败或者错误，都有机会让我们更加了解某一领域的深层结构。我在投资创业的过程中犯过很多的错误，大小失败不计其数，但我都将它们想象成爱迪生在实验室做实验：如果发明一种东西平均需要 1000 次不同类型的试错，那么每一次错误后只要我认真总结不再犯，就代表我更接近真理了。

通向成功的是一点一滴的成长和上行，排除一个错误选项同样也是上行。有些人一开口就能给你一针见血的建议，那是因为你犯的错误他也犯过。为什么投资人更偏好连续创业者？因为新人一定会踩各种创业的坑，有些东西无法躲避，那就等同于自己的钱被拿来作为别人成长和上行的素材了。

谁才是更稳固的上行者？那些排除过尽可能多的错误答案后，最终上行到一个较高层级的，才是真正能守住上行果实的人。

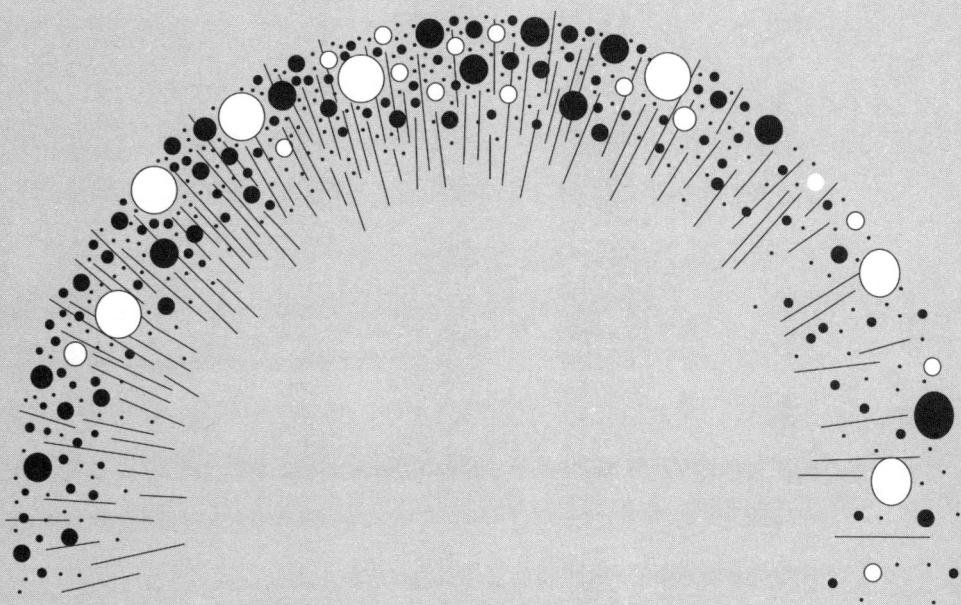

第三章

时间：

最贵的生产资料

上行清单：

1. 时间上限不可增加，但可以从内部优化。

2. 年轻人的焦虑，大都可以归纳为眼界窄。

3. 大部分人根本就没有到"要对时间的使用做出取舍"的地步。

4. 拖延没问题，重点是任务顺序。

5. 在大事上难分高下时，细节才开始起作用，否则连放在一起比较的机会都没有。

6. 花在事情初期的时间密度应当远高于后期。

7. 平凡人之所以平凡，是因为他们的身边都是平凡人。

8. 每一次把时间浪费在不值得的人、事、物上，都是以伤害到你真正想花时间的人、事、物的利益为代价的。

9. 很多人只注重回报，却不注重回报的大小；很多人只注重认同，却不注重认同的程度。

10. 某个圈子值得你花时间的前提是，里面有你需要的东西，你的手中也有他们需要的东西。

时间是超越的最大秘诀

很多人只把时间当成一种记录生命的刻度，其实不止如此，我们还可以从很多维度去理解它。我们对时间的每个维度理解程度的加深，都会对行为有正向的增益。

从上行的角度来看，时间无疑是最重要的一种生产资料，无论是产出财富还是智慧，你都需要用到时间这种生产资料。理论上一个人最终成为怎样的人，跟他把自己的有效时间用在哪里呈正相关。我有一位大学同宿舍的同学，四年时间一直都在夜以继日地玩一款叫"拳皇97"的游戏，尽管专业课成绩不那么出色，但至少在这个游戏上我觉得全校应该很少有人是他的对手。

时间是我们在某方面超越其他人的、最大最显眼但又最少有人关注的秘诀。我们在前面不止一次说过，时间能够让一种平凡无奇的小进步，最终演变成一种大成就，但前提是，你在对的方向上花费的时间比其他人更久——无论是其他人因扛不住而中途放弃，还是你使用了一些"偷时间"的技巧，总之你的有效时间得大于其他人，这样在其他条件基本对等的前提下，超越就是一个顺理成章的事情了。

每个人每天的时间都是 24 个小时，没有人可以因为自己的财富多或地位高，而给自己多添加一些时间这种生产资料。从这个角度看，时间很公平，无论什么人，都得从头开始学习时间的最佳用法，没有任何人可以不经学习，就用已有的生产资料对其他人进行"降维打击"。

从外部增加时间已然被严格卡死，于是就只有从内部着手了。以下三种方式能够帮助我们增加某一方面的有效时间。

从其他地方挪用时间

我们通常使用的就是这种方式，如果你想多赚钱、多学习知识，那就必然要少娱乐。无用的事情多占用你一分钟的时间，你花在有用事情上的时间就要少一分钟。

赚钱有两种方式，一种是提供价值，另一种是市场判断。对于第二种方式，我们会留到第七章详解，而对于第一种方式，其本质非常简单——你拥有别人缺少的东西，一旦匹配上就赚到钱。

如果你发现别人缺少的东西你现在还没有，那么上行思路也非常显而易见，即把"满足自己消遣"的时间拿去学习就可以了，解决赚钱问题在时间上就是这么简单，没有别的奥秘。

用最适合的时间做最适合的事

很多人都玩过一款名叫"俄罗斯方块"的游戏，当一整行被方块埋满时，该行就会被消除，所以我们要把最适合的形状放入最适合的空隙里，否则我们就容不下那么多的方块。

举个例子，两个同样的人要在一天之内完成同样多的事，一个用大块时间刷娱乐视频，另一个用大块时间做艰难的连续性任务，结果会怎样？

你可能会说大家的一天都是 24 小时，没什么差别，这是不对的。人一天的时间被分为"大块"和"小块"，小块时间用来吃饭、等人、走路、上厕所等，这些时间只能被用来完成细碎的小事，想要完成有连续性的大型任务是不可能的，因为刚接上思绪准备开始，小块时间就结束了。

如果一个人用大块时间做完了所有的小块事情，那小块时间该用来做什么呢？什么都做不了，只能在无所事事中度过，因为这些时间做不了大块事情。这就是"插不好空"的人对时间这种重要的生产资料常见的浪费方式。

从内部偷时间

除了搬运和插空外，我们还有两种可以"偷"时间的方式。

第一种"偷时间"的方式叫作减少摩擦。

我们日常使用时间时，其实是有很多摩擦的。什么是摩擦？把时间花在其他人看起来无用的事情上，不叫摩擦，那仅仅是我们自愿把时间用在这些获取短期快乐的事情上而已。

但如果我在创作的两个小时内被人打扰了七次，且每次被打扰完都需要花一段时间梳理之前所有的文稿，才能接着创作，最终导致五个小时才完成原本两个小时的有效创作时间应该完成的事，这部分差值就叫摩擦。

摩擦是出于我意愿之外的纯粹浪费，它既不对上行有利，又没有让我产生快感。如果我们可以优化工作流程，改善一下做事的规则，例如我用两个小时进行创作，再用一个小时集中处理这七次被打扰的事情，那么我就能凭空多出两个小时可用。插空在有些时候也是减少摩擦的一种方式，但两者并不能完全等同。

第二种"偷时间"的方式叫作平行运行。

生活中的很多事情都可以自动运行，只不过人们很少认真去研究做事的顺序，导致能够自动运行的事情在缺少运行的素材时，干耗着不动，所以这里若是做得好，也可以偷到时间。

举个例子，我每天上班的第一件事并不是专注在我的创作中，而是会先把要跟下属沟通好的事情都处理完毕，然后才进行我需要独自完成的部分。不要小看这个顺序的安排，当我跟下属提前沟通完以后，在我创作的同时，我还有很多"分身"——我的下属们在帮我完成其他工作。如果我在上班后先闷头创作呢？我的下属们就很可能领会不到我的意思，他们做的工作在等我创作完后一审核，发现都得重新返工，于是这块时间就没有平行运行更多的事。

至于在直接财富上，如何用多个分身同时掌控各种生产资料自动运行帮你一起赚钱，那就更常见了，我们将在第六章中进行详述。

总而言之，时间是我们能接触的几乎是最公平也是最昂贵的生产资料，超越同等级的其他人靠的基本就是有效时间。而有效时间不以表面时间为准，是可以在不改变一天 24 个小时硬约束的前提下偷偷"增加"的，所以有些人在一天之内能做完很多事情，而有些人虽然看起来忙忙碌碌，可工作的完成量和完成的效果都不尽如人意，这样在成长的速度上自然差异巨大。造成这种现象，往往是不同的人对有效时间利用率的天差地别。

因此不夸张地说，谁更懂得使用时间，谁的上行希望就更大。

看不见的指数曲线

很多年轻人的焦虑，在于看不到指数曲线，或者不相信在上行这件事上有指数曲线。他们喜欢单纯地从现有状态去推算几年甚至十几年后的自己，然后发现未来的生活、事业等并不会有多大的改变，于是得出一个"自己没有机会"甚至"年轻人没有机会"的结论。

其实，任何一个时代的青年人都可以得出类似的结论，因为无论哪个年代的年轻人都会有以下两个共性：

1. 想要的东西买不起；

2. 想要的位置正被中年人占据着。

许多年轻人认为自己这一代没希望、生活很难，但最后都会发现，每一代的年轻人最终大体上都达到了自己年轻时设下的最低标准，有不少人还成了下一批年轻人仰视的中年人。

布莱恩·费瑟斯通豪在畅销书《远见》中写道，一个人在 40

岁以后，平均能获得的财富是一生总财富的 85%~90%。这可能跟年轻人的认知不符。年轻人通常认为一个人要是能有钱，应该很早就会有钱了，假如 35 岁还没什么动静，通常这辈子也就这样了。

人是靠模糊感觉推导世界的动物。关于这点有一个著名的故事，它有着很多的版本，但每个版本都差不多，故事说有个人发明了国际象棋，国王问对方要什么赏赐，他说我就要一点米粒，第一天在棋盘的第一格中放 1 粒，第二天在第二个棋格中放 2 粒，直到放满整张棋盘。国王觉得很简单，于是就满口应承，直到放了很多天，国王依然觉得很简单，因为 1 粒、2 粒跟 64 粒的差别并没有那么大，米太小了，随便抓出一把就会有几百粒。所以，如果你认为几百粒以内整体都算"小"的范畴，你就不会关心小范畴里的变化，哪怕每天翻倍，也不会引起你的注意。

这就是先对事物下一个模糊的定义，然后根据感觉有选择性地进行关心。

上行的指数曲线，大致有两种形态，一种是你积累到了某个点后突然爆发了，就像图 7：

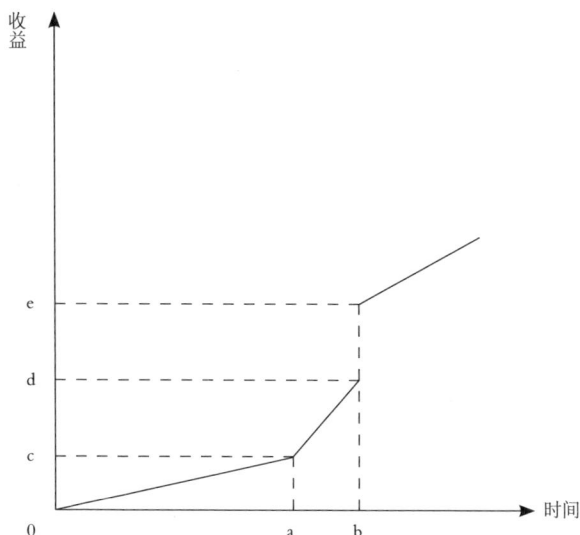

图 7　突然爆发型的上行曲线

　　这个坐标轴的横轴是时间，纵轴是收益。在到达横轴上的 a 点前，经过了漫长的时间。而最终到达 a 点时，收益也仅仅是 c，在这段时间里，年轻人很容易认为自己正在做没前途的事。

　　但 a 点是一个转折点，过了 a 点后，可能由于积累而上了一个台阶，或是遇到了一个意想不到的机会，从而使 a 点到 b 点只花费了极短的时间，获得的收益却等同于整个从 0 到 a 点的时期（c 点是 0 和 d 点的中点），此时人才会真正明白努力做正确的有关上行事情的意义。有些人还会在 b 点时遇上了一个重大机遇，这样时间没增加，收益却直接跳跃到了 e 点，进入了一个收益的新境界。

　　年轻人焦虑的时间点，往往就是 a 点以内的那一段漫长的黑暗期。一旦坚持过去，关于上行的努力就不再需要消耗意志力去坚持，而是成了一种自然而然的事；在到达 a 点前放弃的人，自然无法看到之后的风景，于是这两类人都觉得自己的做法没有问题，他们对上行这件事就分化出了两种截然不同且非常坚持己见的态度。

其实还有一种情况，上行曲线本身是连续的，但由于个人对"是否上行了"这件事设置了过高的衡量阈值，于是在未达到这个阈值之前，就会忽视上行的进程，例如图 8 的 y 曲线：

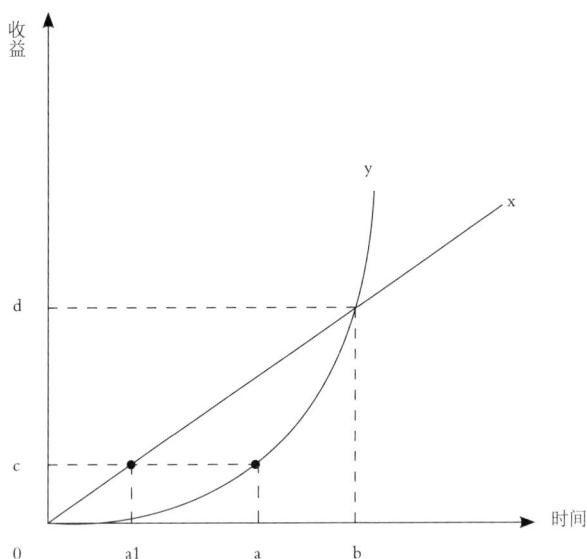

图 8　连续型的上行曲线

坐标轴标示同图 8，如果一个人的"有感上行"，是从 a 点到 b 点这一段，甚至有人是在 b 点以后，那么他就会在很长时间内感受不到自己的上行进程——不是感觉得很少，而是根本感受不到，就像 1 粒米跟 10 粒米的差别一样，明明相差 10 倍，却什么都感觉不到。

这些人往往对自己的行为有即时且高的标价，他们总认为自己的上行曲线应该是 x，所以当他们到达时间 a1 点时，就认为理所当然要有 c 点的回报，而从 y 曲线来看，时间 a1 代表的收益几乎可以忽略不计，于是他们就会认为自己被坑了，认为之前做的某些跟上行有关的事情是无用功。

而事实上，大部分人的成长曲线都更接近 y 曲线。能坚持到 b 点以后的人，都是被下一辈年轻人羡慕的中年翘楚。

先填满，再优化

既然时间是如此贵重的生产资料，那大多数人平时又是如何使用时间的呢？

如果你去朋友圈里做一个调查，会发现你大多数的朋友都说自己很忙，但他们是不是真的很忙？当然不是，如果你是一个普通人，那么你的 10 个朋友里有 1 个是真忙，就已经很了不起了。

准备一张纸，事无巨细地记录下你一天中每时每刻都在做什么，你会发现，无论你有多么注意，一天中都至少有一些时间是空白的。这些空白的时间你在做什么，是不是想不起来了？再看看你努力写下的记录，你会发现一天中真正用来做正事和学习知识的时间少得可怜。

如果不认真记录几次，你的大脑永远会感觉自己很忙。别忘了人是感觉动物——将那些空白时间进行选择性遗忘，再将精彩成果罗列成串，这样就会认为自己做了很多事。正如电影，将几十年的平淡生活抹去，光播放 90 分钟的大事集锦，你的人生看起来也同样精彩纷呈。

可你别忘了，一天有整整 24 个小时，24 个小时并不短。试着想象一下，连续工作一两个小时后就能让你觉得今天没有虚度光阴，那 24 个小时是什么概念呢，你还能说自己足够忙吗？

"时间就像牙膏，挤挤总会有的"，这并不是一句空话。每当我认为自己已经很忙的时候，我试过再加入一项大任务，发现也一样能将其同步完成，我相信再继续加入一项也是如此。

一个人的时间和精力的弹性是如此之大，所以有人问我职业转型的事情时，我通常会回复说你先试试把它当作你的小副业，看看是否适合你再转型。此时按照惯例，这位读者就会说"我日常工作很忙，没有精力再兼顾一项副业"，到这里就很难再聊下去了，因为这大概率是谎言，一个人无论工作多忙，都不太可能没有时间兼顾副业。

没时间是个伪命题，通常这么说的只有两种可能——不想做更多事，或是占用时间的优先级不够。后者是大多数人的常见情况，比如当任务是学习的时候，很多人就没时间，因为晚上还要应酬同事。但这样的表达是不够精准的，更精准的表达是"应酬同事的优先级更高"，因为如果任务是跟某位贵人吃饭，他们的时间肯定立刻就有了。

人们说的"我会忙不过来"大都是假的，因为大部分人根本没到对时间的使用做出取舍的程度，他们还能插入任务，再插入任务。而当一个人还能再插入任务时，是没有资格先对时间做出优化的，他只需要承接、再承接更多的任务。

先把自己的时间全都用于各类长期服务，且都承诺出去，直到将它们完成之后，人们才会明白什么是真正的上行速度。

我日常身兼数职，不仅有几家公司需要打理，每天有大大小小的会要开，同时还需要做一个创作者需要做的所有事。与此同时，我还接下了解读书籍的长期任务。这个任务非常耗时，有时也让我头疼，但在兑现承诺的过程中，不知不觉让我的大脑多输入了很多优质的书籍内容。

为什么我这么一个喜欢读书的人，在没有接下这个任务之前，一年到头能认真读完的书也没有几本？因为我说过，人对时间的使用弹性极大。一个会可以开 30 分钟，但若是真的要缩减，15 分钟也可以；一次对外交谈可以进行两个小时，但若是真的有非完成不可的任务在身，半个小时其实也能谈明白……

当你对自己还不够狠的时候，大脑就会实现你的愿望，将你的时间用无效行动填满，以便让你对自己依然有个"很忙、很努力"的良好感觉。

因此如果你想更快地上行，第一件事就是先把自己的时间填满。先不要管什么该做、什么不该做，只需不停地往里装任务，装到时间最严格冲突的时候再谈优化。坚持几年后，自然就会明白你之前为什么难以上行了。

一招击败"拖延症"

每个人都认为自己很忙，但其实并不是这样，只是大家都不太会刻意压缩自己的时间去提升效率，所以才显得忙。

一项看似复杂的任务花掉较多的时间，听起来很合理，但在现实中往往是拖延症作祟——花掉较多时间的真实理由常常是有较多的时间可花，若是任务时间被严格压缩，人就会迸发出更强的力量，将任务更快完成，在这个过程中，我们整个人都会变得更加专注。

很多人潜意识里都清楚自己有拖延症，也知道拖延不那么好，但就是管不住自己，只要看着时间还有剩，就总是忍不住在最后一刻才开始做任务。从寒假作业到工作任务，从来都没有什么改变对不对？我相信不少人都尝试过不少激励自己或约束自己的方法，但无论正面的还是反面的都不太奏效。

其实，我们完全不必为"拖延"这件事而感到羞愧，因为这本就是人的一种天性，是深深刻在我们骨子里的东西。在越不确定的环境中，拖延就越是有其独特的好处。例如，我今天有计划地去打猎，我可以早上出发，也可以下午出发，但如果我早上出发了，万一中午就有人送来了其他食物呢？那我今天岂不是就不需要再付出额外劳动了；又或者下午早些时候，我突然改变了计划，有更好的想法了呢？

拖延行动，能够让我们在时间还充裕的情况下，应对更多的不确定性。

但这是那个"不确定性遍布了环境"的时代，如果在现代社会中，环境比较确定的情况下，我们就是想要早点儿完成任务，那么又该如何改变这种"原始大脑"的顽固设定呢？

上文刚刚说过的"填满时间"就是其中一种方式，先将你的时间彻底填满，迫使你在每一段较短的特定时间段内完成每一项特定任务，否则就会无法兑现你的任务承诺，此时不管多么严重的拖延症都能治好。

不过任务并不总是短期的，有些任务可以是短期的，但有些任务则必须是长期的，比如我要写完本书，就一定是个相对较长的任务，不可能一蹴而就。面对这样的任务，我也会拖延，也会想着优先完成其他马上要交出成果的任务。

但如果是这样，本书可能会拖上很多年都无法面世，毕竟每一天都会有更紧急要完成的任务。上文说过，时间的弹性非常强，你可以把紧急要出成果的任务花更多时间修饰再修饰，使之完美再完美，那怎么还会有什么时间留给这种重要但不太紧急的任务呢？况且这种拖延在很多人心里或许都算不上拖延，毕竟"我真的每天都有那么多任务要完成啊"。

为了打败这种难以察觉的隐性拖延，我有一招"亲测有效"的应对方案，那就是"让拖延顺其自然"——既然它这么顽固，那就先顺从它，然后再想别的办法。

具体的操作方法可分为以下几步：

1. 搞清每一项任务的最短完成时间；

2. 确认哪些任务就算无法在规定时间内完成，也可通过后期拼命弥补来挽回损失；

3. 压缩每一项短期任务的完成时间，把其余时间都留给长期任务。

举个例子，假设我现在有三项任务要完成，第一项是今天要在我的公众号"请辩"上写出一篇文章，第二项是本周要完成对一本优质的思维类书籍的解读，第三项是我要在 2021 年的夏天之前完成一本新书。

写出一篇文章是今天的紧急任务，与之类似的还有开会商讨公司的产品细节等，这些都是必须在今天的某个时间点前完成的，所以优先做没问题，但我必须算好时间节点。例如，我在今天中午的 12 点前要发出文章，由于我知道自己通常写出文章需要两个小时左右，那么我在今天的上午 10 点就必须开始写，如果万一到了中午 12 点没能完成，我也可以写到下午 1 点再发布，那就从上午 10 点开始写，这就属于可以通过后期弥补来挽回损失的任务；如果中午 12 点是预先承诺出去的时间，无法修改，那么为避免意外发生，我可能需要在前一天晚上就写出个大纲，或者在上午 9 点前就开始动笔，这就是一种比较刚性的任务，属于不可以通过后期弥补来挽回的，往往得多留一点时间。

在我把当天必须要做完的任务都用这样的方式压缩好以后，其实我就做完了一件事，那就是"让拖延顺其自然"——我写出文章需要两个小时，而我的任务安排，就是"拖"到刚好只剩下2个小时才开始动笔，其他任务也同理。所以如果我们对付不了拖延症，那就干脆安心等到不能再拖延的时候再动手。

然后你就会发现一件事，那就是你会多出很多的时间。是的，哪怕你的任务已经被塞爆了，但当你拖延到不得不开始的时候才正式开始，就能把每一项任务的时间压缩到极限，于是就会凭空多出很多可用的时间。

接着我们就能来规划第二项任务，计划多余的时间是先做每周都必须完成的对一本经典书的解读，还是用来写书？

同理，我先把每周都必须完成的解读任务压缩到极限——我能不能用周末的时间就完成这一周的任务？可以，或许稍微有点勉强，稳妥一点我可以在周五就开始这项工作。

所以时间安排就很明了了，周一到周四，只要是当日任务的进行时间以外的，我全部都用来写这本书，而不是用来做每周解读。我有个真实的例子：某一周的周日我要陪父母爬山，周六的时候我面临两个选择，一是提前把本周解读任务的最后部分搞定，二是多写点儿新书的章节，周日再抽空完成最后部分的解读。

我最终选择了方案二，且在周日中午和晚间吃完饭的间隙，把解读任务也搞定了。试想一下，如果我预先就把解读任务搞定了，那么面对如此长期的新书任务，我必定不会随身带上电脑，而是会趁这个时间，跟父母天南海北地聊天，于是新书就又少了几个完整小时的创作时间。

所以如何打败拖延症？顺从它，拖延你的每项任务到不得不开始的时候才开始，剩下的时间都优先用于做一些长期有利，但时间看起来不那么紧迫的事。一段时间后，那些耗时许久、不急迫，但又收益巨大的事情会告诉你答案。

只做大事

我们在前几节都提到过要塞满自己的可用时间，塞到塞无可塞才能开始优化。刚刚的"击败拖延症"的方法是优化的一种方式，接下来说说优化的另一种方式：只做大事。

塞是做加法，打败拖延症的方法是排序，是在不改变时间总量的前提下让整个空间装得下更多东西。但当这种加法和排序做到极致时，我们就需要做减法，开始做取舍，这跟做产品、写文章、找对象等事情的处理方式是一致的。

可是"只做大事"会不会跟经典的"细节决定成败"有冲突？其实并没有，因为这是一个重要性排序的问题。细节决定成败的前提，是大事先做到足够好，只有在大事完成度对等的前提下，成败才和细节密切相关。

把大事做到什么程度，决定了你的大块收益是在哪个数量级区间，以及你这个个体的整体运行趋势，其他所有小事加在一起带来的收益都只是在这个数量级的区间内浮动。比如姚明的孩子和我的孩子，身高区间从出生时就已经注定，运动和饮食可能会带来十几厘米的区间浮动（也已经不小），但大概率不会差到几十厘米去。

将大事定下来之后，才能分出精力去照顾小事，在此之前是没必要关注小事的。

或许你还经常听到这样的故事：求职时所有人都没注意到地上的纸团，只有一位学历不高的求职者注意到了并将其随手放入垃圾桶，结果他因为这件事被录用了，理由是细节之处见人品。

这种灰姑娘或丑小鸭式的故事，往往非常容易打动我们，但这样的故事是给孩子树立信心用的，并不能反映常规社会的运行方式。

在大事上难分高下时，细节才会开始起作用，否则连放在一起比较的机会都没有。例如求职门槛就是清华和北大，那么普通人连通过捡纸团展现自己"良好习惯"的机会都不会有，就算去现场捡了纸团，也根本不会有人注意到，因为大家在其他重要事项上并不处于同一个竞争维度。

很多人一天的待办事项可以列上三四十条，的确做到了"塞无可塞"，他们自己也觉得生活充实，但这样细碎的计划无法完成任何一件拥有高价值的事情。

细碎的事情的确需要有人去做，但由于烦琐且简单，可替代性强，所以就算做得再多，也得不到多少回报。所有专注于成长和上行的人，都应该尽量避免做这些事情，尽可能多地让别人去完成或直接忽略它们。

我的公司里有两种典型的员工，在他们刚进公司不久时我就会给他们定位，这个定位不是定岗位，而是定类型。有一种人就适合一天做三四十件事，就算你给他们再多的自由时间去完成一项大任务都是徒劳，因为最终他们都无法做出你要的效果，甚至还会搞砸，所以他们就适合辅助他人完成那些谁做都差不多的工作——这些人很忙，工作稳定，但收入不高；而另一种人是专门用来完成关键性大任务的，我不会给他们安排过多的工作，也会把他们在完成大任务过程中涉及的杂事都交给第一种人，因为他们需要更多的自由时间去思考、去试错，去跟关键人建立联系，去创造出一些别人想不到的新方法——他们看起来不忙，收入又不错，但一旦最终的结果不好，往往工作不保。

这里初始的定位非常重要，如果一个人明明是第二种人，却被同时安排了不少第一种人的任务，那么他就会变得越来越像第一种人，因为他用来处理大事的时间被挤压，大脑里也被塞入了太多小价值的代办事件——想做大事往往需要将一定的时间"浪费掉"，还需要把大脑的运行空间腾出来——我常常会在散步的时候涌现解决某件重要事情的灵感。

这两种人有各自的特点，也有适合自己的生存方式，但如果你是铁了心想上行，那就必须成为第二种人。就算你现在是第一种人，也要尽全力利用一切可学习的时间学习"如何更好地完成大事"，从职场习惯到专业技能，都要往这个方向转变，以便从第一种模式切换到第二种。

当你渐渐能把一件开放性的大事做得比别人更出色时，你就进入了一个"大事正循环"。所谓开放性的大事指的是做事细节和行事方法都未定，需要你从框架设计开始，自己制订方案和执行重要事情，而不是有人直接教你"怎么做"，让你照猫画虎。

而大事正循环，则是由于你已经能够从零或者几乎从零开始做好重要的大事，所以你的时间一定更值钱。又由于你在单位时间内创造了更高的价值，得到了更多的回报，那你就只需分出一小块回报去购买别人的时间，帮你完成那些你不可替代的核心价值以外的小事。

这些小事原本需要占用你同等甚至更多的时间，可现在只需要你在自己的时间价值里拿出一小块收益就可以买到了，接下来你就可以用省下来的时间，继续做更多的大事。

时间的马太分配

上行这条路注定是孤独且艰难的，从概率上讲，大多数人身边都找不到同行的伙伴，或许只有在某些以特定目的为主的社群里才能找到。但这未尝不是一种幸运，如若不是如此，上行的竞争势必还要加剧。

当所有人都在努力上行时，你的上行看的就不单单是自己，还得克服其他人的上行速度——比他们上行得更快的部分才能体现出上行的结果。而当所有人都在原地踏步时，尽管上行相对容易，但你需要更加坚定"决定上行"的决心——因为没有同伴，无法从众，你就很难确定那些额外的、跟上行有关的事情是不是值得做，该不该独自坚持。

如果你已经决定要在某一条你认为可以上行的路上坚持走下去，怎样可以让你大概率走得更远一些？我有一个关于时间分配的策略，叫"马太分配"。

时间的马太分配是我取的名字，灵感来自"马太效应"。意思是当你决定努力做一件事时，如果用一个沙漏代表你要付出的全部时间，那么你应该在前期控制这个沙漏的漏沙速度尽量快，也就是把大部分的时间都投入前期。当你确认这件事值得做，并从心底涌现了一种自驱动的力量时，你就可以把漏沙的阀门拧紧一些，让时间的分配慢下来。

很多事情本身就遵循马太效应，比如一开始掌握一项技能的时候觉得很难，似乎只有投入没有产出，于是就很容易放弃。此时，我们就该把时间的密度增大，例如原本每天付出 2 个小时，要 6 个月后出成果，那么我们将它压缩到 1 个月出成果，每天付出 12 小时，因为坚持 1 个月比坚持 6 个月要容易得多。

当你真的出了某个小的成果，比如利用这项技能挣了点儿钱，哪怕只有一点点，都会让你确定这件事可行，这就是缺口，而缺口一旦打开，马太效应就会呈洪水之势而来。接着你会在这个领域遇到新的机会、新的合作模式、新的玩法，你的整个生活和人生轨迹都有可能因它而大大地改变。

我在大学期间做过销售的兼职，就是前言里的例子。在将近一个月都非常努力的情况下未能开单，我不禁想放弃——人有时候怕的不是辛苦，而是不知道这条路是不是走得通。事实上我已经放弃了几天，几天后我决定重新振作再试试，这次运气不错，一周内就让我开了个小单。

这个小单的意义远不仅仅是那一点提成，而是告诉了我"这件事可行"，于是我继续改进自己的销售技巧，也有了信心进行更大的投入，最终从第二个月开始，我的业绩爆发了。

到了后期，我花在上面的时间越来越少，但销售额却越来越高，因为前期攒下的势能和人脉，让生意源源不断地自动找上门来。这就是马太效应，这也是时间的马太分配。

如果你决定做一件新的事情，并准备长期坚持做下去，那么最好的时间分配方式，就是大大缩短前期获得现实回报的时间。而要达成这个目标，就要把你所有要分配的时间分割出一大部分，将其全部充值到你的前期（有的人甚至可以不眠不休）计划中，务必要在最短的时间里先"打开缺口"，接着，成功的雪球就会自动滚起来。

到了后期，你付出的时间可以越来越少，但成就却依然会越来越高，而这多出来的时间和精力，又可以让你用同样的方式去解锁下一项更大的成就。

亲近助力，远离消耗

坚定"决定上行的决心"为何如此艰难？因为人需要安全感。当周围人都不这么做，而只有你在这么做的时候，你很难不怀疑是不是自己有问题。尤其是周围人还在以肉眼可见的速度往下拉你（例如嘲讽你）的时候，要坚定做跟周围人不同的事情难如登天。

是人就有人性的弱点，例如懒或寻求安全感。其实这两者都是没有问题的，问题在于你所处的环境，对你有着怎样的挤压效果。

2020 年末，我正式组建了一个叫"上行部落"的成长社群，三天共加入了几百人，一下子就到了预订服务的最大人数，不得不紧急封群。为什么有这么多人愿意加入社群，自己一个人不能上行吗？不是不能，而是因为部落里有更适合上行的挤压式环境，有着极其严苛的规则，也有精心分解过的任务，还有一起做着同样事的"族人"（部落里的称呼）——别人都行，你为什么不行？

人人都在里面讨论着高质量的问题，你不管是以什么形式参与其中，成长的速度都会很快。就像你在中国觉得学习英语很难，但在英国，你没感觉到自己有多么努力就能学会了，这就是环境的力量。

人们做事大抵是靠环境推着向前走的，如果从明天开始，你公司的老板规定上班允许随意迟到不扣钱，做事全凭自觉，老板也完全不审核结果，那么公司里一多半人的上班时间一定会一天晚过一天，做的事情会一天少过一天，这种滑坡是可预见的。你觉得这样的日子很舒服吗？完全错了，几年后出了这家公司，你会立刻受到社会的"毒打"。

一个不断往上行的方向挤压你的环境，例如严苛而有能力的领导，或者是学习时间精确到分的班级氛围，可能在短时间里让你不那么舒服，但回过头来你会感谢那样的环境。因为只有这样的环境，才有可能让你在更短的时间里完成更多有效的事，逼着你快速上行。

我家里也有一个健身房，但在家里锻炼的效率跟在健身房私教监督之下的还是有很大的差别。私教越是严厉，你练的时候越是痛苦，离你真正的目标就越近。

每个人都需要助力，环境的助力、人的助力、氛围的助力、规则的助力，只有所有的助力都在朝上行的方向推你，你才有可能克服人性；相反，如果你的身边全是消耗你的环境、消耗你的人——你一说读书，朋友圈的人挨个嘲讽，你念几句英语，张三李四都说你不伦不类，你无论准备做点什么，亲友全都不支持——这就相当于被正向挤压的人坐在了一趟高速列车上，坐地日行八百里，而你则像身上挂了个大轮胎在沙滩上跑步，又怎么跟别人比上行？

有读者问过我一个问题，说从大城市回来过年，发现家乡的发小跟自己已然聊不到一起，觉得无趣又浪费时间，但碍于情面又不得不应付，毕竟失去老朋友有点可惜，这该怎么办？

我的答案非常简单，如果从情感上已然得不到乐趣，再没有上行方向的助力，那基本就不再值得浪费生命继续交往。每个人在上行的过程中都在发生着变化，大家的精力都很有限，我们注定就只能把时间消耗在那些性价比最高的人、事、物上，无论它们能让我们快乐，还是能让我们上行。

至于是该留在大城市还是回家乡工作之类的问题，道理也是同一个：大城市本身就是一个挤压式的环境，是一趟高速列车，能够挤压身处其中的人向上。能待在正向挤压环境而不待，几乎等同于自暴自弃。

你可能选择不了世界，但你能选择得了离你最近的环境。在我们的身边一定会有拖我们后腿的人，尽管你不必然需要对每一个都直接绝交，但你可以选择不与他们为伍，不将宝贵的精力耗费在他们身上，以免受到一些负面的精神阻力。许多人看不得身边人进步，无论是出于"道不同"，还是出于"激发了焦虑"，又或者是出于"单纯的嫉妒"，那些能拖你后腿的人都不太可能在内心深处为你真心实意地鼓掌。

平凡人之所以平凡，不在于其天生就只能平凡，更多的是由于他的身边都是平凡人，还是不允许其他平凡人不平凡的平凡人，所以他们才变得越来越平凡。

把时间交给最值得的人

每个人的精力都很有限，所以唯一正确的利用时间的方式就是将其分配到那些性价比最高的人、事、物上，不管是能让我们快乐，还是能让我们上行。

这样说听起来有点功利，但其实并不是，事实上若不这样做，才真正对不起那些认同、帮助我们的人。因为我们的时间和精力总量不可增加，给谁多一点，其他人就少分到一点，所以理论上我们每一次把时间分给不值得或性价比更低的人、事、物，都是以损害我们真正想给到时间的人的利益为代价的。只要明白这一点，接下来的事情就顺理成章了。

有人非常苦恼，说"我不懂拒绝"。

其实，它跟这个人"有没有人情味"完全不相关，因为这就是一个观念问题。比如对方问你借钱，你觉得是抹不开面子才借的。但是你可以思考一下，这笔钱是不是可以改善你家人的生活条件？是不是可以陪你父母走遍祖国的大好河山？是不是可以给你的孩子提供更好的教育？人们的"不懂拒绝"，其实是为了自己的社会安全感而拒绝了自己的配偶、孩子、父母，这并不是真正的不懂拒绝。

我们对待客户或潜在客户也是如此。我曾经做过销售，拿过公司的年度销售冠军，抛开具体的"话术"，我非常清楚我取得成绩的一个重要因素——不花时间在希望更小的人和事上，我全年业绩的最大比重仅仅来自一两个客户。

我有一位朋友是做外贸出口的，他出口的产品比较冷门，所以客户并不多，但只要有需求这类产品的客户，能选择的竞争对手也极少。如果你是他，每年有8个小客户，2个大客户会按时在你这里下单，其中2个大客户贡献了70%的收入，8个小客户贡献了20%的收入，新开拓的客户贡献10%，这些新客户里又有10%的概率转化为固定小客户，有1%的概率转化为固定大客户，你会如何分配你的时间和精力？我想当把数字列出来的时候，很多事情就一目了然了。

同理，抛开大客户销售不谈，就算你是电话销售，一天的时间能用来打 500 通电话，你会如何优化你的拨打方式，以便于让没有希望购买你商品的人第一时间就挂断你的电话，而不是跟你聊足 2 分钟才挂？大家的时间都足以打到 500 通电话，看起来每个人都很努力，但出成绩就绝不仅仅是运气问题——你的 500 个客户里有 400 个无效客户，对方可能只有 100 个，你觉得在日复一日的大数定律下，谁更容易出成绩呢？

很多人只是凭感觉行事，凭感觉分配时间和精力，他们总是对"容易搞定"的人过于疏忽，而对"不容易搞定"的人过于在意。人们认为，容易搞定的人是在自己碗里的，跑不了；而不容易搞定的人则是在锅里的，需要抢。大家都只是单纯地想要更多，既忽视了两者重要性的差别，也忽视了"碗里的也会被夺走"的这一事实。

每个做生意的人都会遇到一个选择：究竟是花更多时间在"恶魔客户"上，试图让整体满意度再提高 1%，还是花更多时间在"天使客户"上，试图让他们对你的服务再多认可一点？

我的其中一家公司旗下有多家淘宝店，我发现一个现象，就是不管你卖什么，不管你卖的东西的质量有多好，性价比有多高，你永远无法让所有人满意，也永远无法隔离"纯粹的坏人"。什么是纯粹的坏人？比如买了你的东西后，用你的包装装上其他东西然后向平台投诉，说你卖假货，并且只退款不退货，甚至会把假货退给你。

除了这些纯粹的坏人外，还有一些满意阈值非常高的人——

并非只是你的服务很难让他满意，是他对任何东西都不会太满意。我想每个人身边都能找出几个这样的人：如果他付了 100 元给你，你可能得包他生老病死，还得是"豪华套餐"。

让一些不认同你或者不太认同你的人认同你，是一件极其费力的事。况且就算他们因为你费尽九牛二虎之力而转为认同你，通常也仅仅够得上认同的门槛。换句话说，就算他们转变对你的态度，对你的信任度往往也不足以跟你做成一笔稍微大额的交易。

人的时间和精力都太宝贵了，应该尽量避免这种低效的消耗方式。

这个世界上一定有很多认同我们的人，只是出于信息不对称，并没有接触我们而已。我们要做的就是把自己展示给更多的人，并试图为一部分最认同的人再多贡献一些价值，让他们对我们产生最强的黏性，这样就可以了。

无论是对销售还是人生，也无论是对客户还是家人，这都是最佳做法。

触发更高的回报门槛

把时间花在更值得的人身上，给他们提供更高价值的服务，往往能够触发更高的回报门槛——很多人往往只注重回报，却不注重回报的大小；只注重认同，却不注重认同的程度。

基于工作原因，我接触了一批做自媒体的朋友，其中不乏百万甚至千万粉丝的头部大号。虽然他们有着几乎同样的粉丝数量，但粉丝对他们的信任度却截然不同。道理很简单，如果一个人给 20 个人分别提供了每人 10 块钱的价值，那么当他试图销售一件 50 块钱的东西时，20 个人都不太容易买单。

但如果他给两个人提供了每人 100 块钱的价值，当他试图销售一件 50 块钱的产品时，这两个人会抢着买单，因为他们之前所获就已远超产品的价值，就更不怕在购买行为上有损失的风险。当然产品的质量一定不能差，还要有尽量高的性价比，这样本次销售才不会被定义为销售，而是又一次价值服务。若是这件产品让顾客有"不值"的感觉，那么这次购买行为就跟用户本来积累的信任两清了，下次再想为顾客提供什么服务，就不一定有人会用绝对信任来买单了。

但如果你是前者，就算你的产品有着很高的性价比，由于单个用户触发回报的门槛不够，也就没有人愿意冒险尝试。

当我们把时间和服务花在别人身上时，一定要先想清楚，你提供的价值输出给他人带去的收益，能够导致他人基于多少价值的商品对自己产生无条件的信任？

如果你想做的是几乎无须信任的小额交易，例如某明星的一张照片，查看一次几块钱或者几十块钱，那么你的日常价值输出覆盖人数越多，交易额就越大。但如果你想做的是需要高度信任的大额交易，例如买卖一套房子、一只股票，那么"价值覆盖人数众多"这件事，就不如"给每个人提供的价值是否都达到了足以进行大额交易的信任门槛"重要了。

数量和质量是两条截然不同的路线，总有一条适合你，但重点是不能张冠李戴，因为你在同一时刻只能往一处积蓄力量。

混圈子还是提升能力

我们在工作和生活中，一定会遇到这个关系到人际交往的问题：到底是该把时间用在混迹于各类高端的社交圈上，还是将其用在默默提升自己的能力上？

很多人都曾纠结过，最后几乎都变成了"以成败论英雄"：无论选择了哪条路，成功了就说选择是对的，失败了就说悔不该走这条路。

人们知道其实两者都同样重要，但这并没有解决根本性的问题，因为时间具有唯一性，配比上某一边多一点，另一边就不得不少一点。

混迹高端圈子的好处显而易见，好的圈子既能衬托身价，又有机会受到实实在在的助力。但也有一种声音说圈子不能强融，若是实力相去甚远，那么强行混进去的意义不大，不如将时间用于提升自己。

所以到底哪种说法才是正确的？

进入一个好的圈子就等于找到了一条上行捷径，这是毋庸置疑的。第四章我们就会详述与人打交道的逻辑——优质的社交关系对上行有着极大的增益。但它是有前提的，有些捷径找到了、看到了，却不一定能摸到。眼看捷径就在面前，却不是谁都能走的，重点在于你能用来交换的筹码是什么。

一个乞丐就算进入某个高端社交圈，也不会有一丁点现实意义，因为这个圈子里的每个人都不会因为他是成员而为他提供真正有意义的帮助。所以，某个高端圈子值得你花时间的前提，是里面有你需要的东西，同时你的手上有他们也需要的东西——在这个圈子里，这个东西必须是只有你能提供的，且价值等级跟他们能提供的对等。

而如果你暂时还未拥有他们需求的，同时能对等交换的东西，那我就不建议你强行入圈。因为就算花了九牛二虎之力进去，也无法得到他们能提供的交换价值，反而还得花掉一部分的时间和金钱去维系这种无价值的社交关系，这就会让你们在实现有一天能进行平等对话的时间变得更久。

所以，如果特别想进入某条捷径怎么办？先搞清楚里面是什么人，然后猜测他们的需求是什么，再努力去得到这些东西，最后才要考虑如何进入捷径这件事。

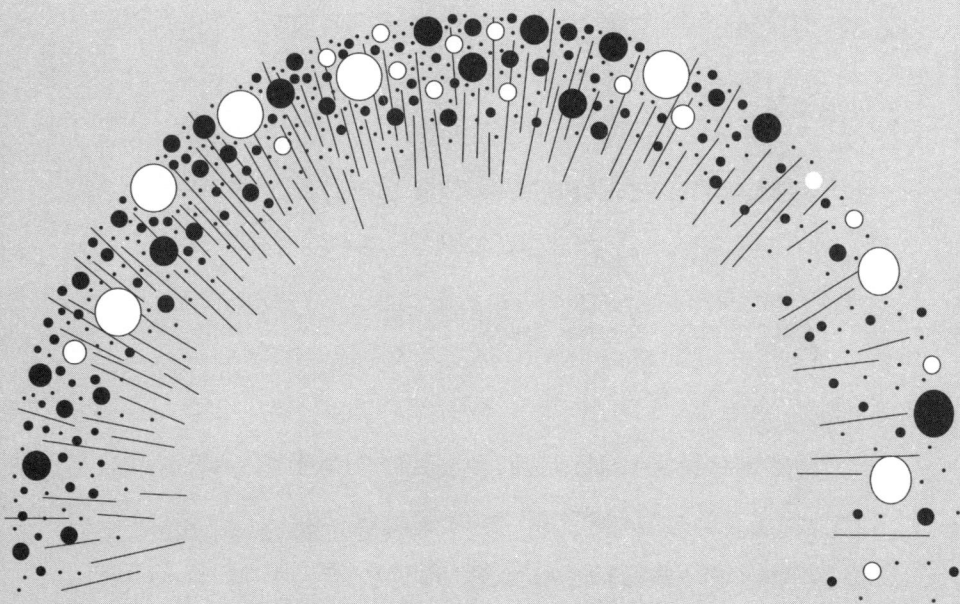

第四章

社交：

穿透人心的艺术

上行清单:

1. 情商就是识别对方情绪和控制自己情绪的能力。

2. 当不帮别人是本分时,帮别人才会变成情分。

3. 靠谱的重点,是结果总是在预期之上。

4. 主动为对方提供价值,能够解除社交负担。

5. 如果你不是社交的超级节点,就必须维护好你身边的超级节点。

6. 越是强者,越是不期待别人帮忙,而主动帮忙的人越多;越是弱者,越是期待别人伸出援手,越是连被动帮忙的人都没有。

7. 人是用感受判断世界的动物,用趋势推演未来再倒推回现在,才是人们对一个人的正常估值。

8. 社交就是管理好自己和管理好他人。

9. 对于能量更小的一方来说,最好的结果就是把人情按"个"结算。

10. 价值越高的人,越能坦然地拒绝他人;越是坚守原则的人,也越能坦然地拒绝他人。

11. 为他人匹配上社交需求,能够产生社交利息。

什么是高情商？

情商这个词经常被现代人挂在嘴边，每个人都知道情商很重要，但大家嘴里说的情商在我看来很多时候都不是同一种事物。

有人认为能在酒桌上说几句客套话就是情商高；有人认为会拍领导马屁就是情商高；有人认为能够说得别人哑口无言又不好发作就是情商高……所以，经常出现有人在网络上高喊某人情商高，而评论者却在不同定义下胡乱争论一通的情况。

高情商的具体表现有很多，用穷举法是没有意义的，因为根本列举不完。在我的观念里，情商指的是两种能力，一种是**识别对方情绪的能力**，另一种是**控制自己情绪的能力**。

识别对方情绪，指的是能够识别对方在语言或行为背后的真实感受；而控制自己情绪，指的是能够按照最大的利益理性地展现自己的情绪，且这种情绪能够全盘被对方接纳，使对方无法读出目的情绪以外的意思（这里还包括刻意露出破绽被对方识别自己的隐藏情绪）。

真正的高情商者并不总是让人如沐春风，而是仅有他们希望你如此识别的时候，你才能感到舒服——精准识别和控制情绪的人，不代表是老好人，这是一个很多人容易混淆的点。

另一个容易混淆的点，是不少人认为针锋相对又体面地赢得

"口舌之争"是高情商的表现，因为既不吃亏又落落大方。但其实不一定，如果你还要跟眼前的这个人维持关系，这种"赢得表面战争，让他人吃到暗亏"的做法是下下策，因为吃亏就是吃亏，对方是否能当场发作跟心里是否记恨是两回事。

当下的情商是为未来所有日子的可能性服务的，而不单是对方在此时此刻的即时反应。

一个人情商的高低，往往跟以下两件事有关。

使用了多少注意力

人对于自己不那么在意的人和事，是没什么情商可言的。因为情商不管是探测他人还是控制自己，本质上都是一种"刻意为之"，如果你的注意力不够，就不可能做出所谓有情商的行为。

例如，你可能常常不经意间伤害到家人，因为你当时心里烦躁。烦躁，就没有足够的注意力去关注家人的情绪和隐藏自己的情绪；但你面对老板，无论当时多么烦躁，也都会集中自己的注意力，因为注意力不够的负面影响会很大。

所以，如果你觉得某人情商低，不一定是他的情商真的低，还有可能是在你见到的场景下，他不愿意对某些人付出过多的注意力而已。

共情能力的高低

如果是在同等注意力下的情商高低呢？基本就跟一个人的共情能力有关。

共情能力，指的是一个人调用镜像细胞的能力——别人做了什么行为，你可以通过微小的模仿或大脑里的模拟，先让自己产生一种情绪，然后再推导到别人现在是什么情绪——你用于模仿的参数输入越准确，你的情绪镜像就越精确，共情能力就越强。

所以，如果一个人想提升自己的情商，就得不断地接触形形色色的人，还得主动而频繁地调用镜像细胞，练习、反馈、再练习……这些过程可以帮助我们更精准地捕捉不同人的情绪细节，也能让我们在一次又一次的"战斗"中游刃有余地隐藏自己想要隐藏的细节，避开对方镜像细胞的捕捉。

一个高情商的人，只要他想达成情商方面的诉求，往往就能达成，哪怕与眼前的人和事都是初次接触。因为一个人若是拥有高情商，就必定经历过无数的"战斗"，面对任何情况都能表现得很好。

反之，那些平日里不在意共情的练习，不管遇到熟人还是陌生人都只顾自己情绪，还常常将自己美化成"直性格"，通常不能分派他们做与人打交道的大事，因为他们疏于练习，因此用上全部的注意力也无济于事——能力摆在这里。

在别人眼里，你是什么？

与人相处是一门学问，也是一门艺术，因为人是一台时常不理性、受预期和锚定影响、容易被控制又不自知的、既高明又愚蠢的机器。

而更为艺术的是，不仅别人是这样，连你自己也是这样，于是原本就不容易捉摸的变量就又多了一个。在这样的混沌中，想要得出某种相处的必胜法则是不可能的，只能是具体情况具体分析。

在很小的时候，我就发现了同学之间有一个差异现象：不同的人说句同样的话，最终的效果可以是截然不同的。

千万不要小看这种区别，这就是人际关系的核心：在别人眼里，你是什么。每个人都有自己的人设，就是你在别人眼里的形象：你是高冷的还是热心的？是懦弱的还是勇敢的？是刻板的还是灵活的？是界限分明的还是大大咧咧的？是好相处的还是易怒的……

在别人对你形成一种印象之后，就对你产生了一种预期。当你的行为或反应优于预期，对方就高兴；而当你的行为或反应不如预期，对方就不舒服。举个例子，一个预计不会帮你说话的人，突然开口帮你说话，你是不是特别感动？如果是你的好朋友帮你说话，尽管你也会感动，但不会那么感动。

再举个例子，当你不小心把咖啡洒到同事新买的衣服上时，如果你预计这个同事很暴躁，我相信对方还没说什么，你就已经恨不得赔一件衣服给对方了。但如果你预计这个同事很好说话，那么你最多说句"抱歉"，若是对方多埋怨两句，恐怕你还会不高兴，觉得对方为了点小事不依不饶。

我们再把这个例子反过来，一个平素性情暴躁和一个向来很好说话的同事分别将咖啡洒在了你新买的衣服上，两者都对你和颜悦色地道歉，你的心理感受绝对是不一样的。对于后者，道歉是应该的，而对于前者，你则容易产生一种"受宠若惊"——毕竟他这样的人放低身段道歉已难能可贵，我再不表现出大度就看起来有些"不识好歹"了。

所以，如果你希望别人能够对你多一些尊重，必须在一开始就把自己的喜好和跟你相处的规则展示给大家。这种喜好和规则最好是尽量真实的，是维护起来更容易的，是不需要大幅牺牲自己的心理收益去"扮演"的（除非有重大利益关联）。

如果你跟朋友相处时，始终给人一种很有原则的感觉，该优先照顾自己利益的就优先照顾，只有在确定是举手之劳的时候才接受他人的请托，而平日里请他人帮忙也都给足回报，既不占他人便宜也不被人占便宜。那么某些界限感不太清的朋友，有点鸡毛蒜皮的小请求就不会找上你，而当你某一次稍稍放下利益尽量帮人的时候，对方对你的评价就会特别好。

这就是人设上的期待管理——我不帮你们是本分，大家都要有这样的预期，这样当我帮你们的时候，才会变成情分。

而有些人则相反，刚碰面的时候给人一种特别好相处、特别爱帮人，看起来情商很高的样子，但越是相处到后面，朋友就越少。因为他最开始愿意做的事并非出于自己真心，而是由于彼此不够熟悉，出于社交安全感，所以才让步较多。在越来越熟悉之后，出于本性开始更多地关注自身的需求，然而大家的预期一早就被提上来了，于是就会越来越令人失望，导致朋友越来越少。

这种"假高情商"的人在现实中的数量非常庞大，当他们进入一个新环境时，容易自我感觉良好，在短期内自认为很受人欢迎，融入也很快，但从长期来看，他们的策略是完全错误的。

如何成为一个靠谱的人？

如果你不是差劲到无可救药，你的朋友里一定至少有一个这样的人：只要把事情交给他，你就放心。即使最终他也不一定能办成，但只要他接手，至少这段时间里你就可以安心地放下这件事。

我们都喜欢跟这样的人做朋友，但很少有人想过自己成为这样的人，让别人更愿意和自己结交，更愿意与自己合作。

这样的人或许可以用两个字来形容：靠谱。一个靠谱的朋友不一定是你关系最好的朋友，但当事情涉及的利益重大，你第一个想到的就会是他，因为感情好不代表能把事情做好。反向思考，如果你是别人心目中靠谱的人，也一定能获得比其他人多得多的机会。

那么"靠谱"这种特质该如何养成？我认为主要有两点。

不给过量预期

所有事情能就是能，不能就是不能，试试就是试试，界限分明。

在有重要机会的时候，大都不必过于谦逊，但若是受人之托，就不能由于想让别人认为自己很厉害，于是先享受一波情绪上的优越感，从而给予他人过量的预期。

我通过朋友介绍认识了一个人，他给我的永远是过量预期。我曾信任过他两次，但最后几乎没有一件事是真正成了的，当然我信任的那两次所投入的数量不小的资金也都打了水漂，后来这个人我避而不见了。

如果一个人给你的是正确的预期，例如某件事不一定能做好、某个机会不一定能挣钱、自己跟某个关键人并没有那么熟识等，那么就算亏损也好，没成也罢，最多只是预期是否兑现的问题。

所以，别人判断你是否靠谱的重点在哪里？不是最终的结果如何，而是结果是在预期之上还是预期之下。

让别人感觉事情始终在他的掌控之中

当你跟一个人合作时，希望对方信任你、对你放心，你就得确保事情始终在对方的掌控之中。

有员工抱怨老板不肯放权，其实原因通常只有一个，那就是老板认为员工不足以让自己放心。作为员工，在接过给定的任务之后，尽管有一定的自主处理权限，但必须确保老板始终掌控着整件事的全貌和完整进度，所谓"勤汇报"这样的"术"就是从这个底层逻辑中脱胎而来的。

跟同事协作、受朋友之托也是如此，如实、实时地同步进度，能让对方有一个即时、正确的预期。不知你是否尝试过被人带去一个陌生的地方？你完全不知道目的地在哪里，对方也没有告诉你，当车子开了半小时后，你内心焦急得不得了，因为你不知道还需要多久，你不停地在心里念叨"怎么那么远"，其实再过 5 分钟就到了。但若是你去过一次，第二次就完全不会有这样的感受，因为不管当前在哪条路上，你都清楚地知道还有多久能到，你知道目标并不远。

这就是有"掌控感"和没有"掌控感"的差别，职场上经典的好习惯"件件有着落、事事有回音"这样的"术"也是从让对方有掌控感的底层逻辑中脱胎而来的。

一个靠谱的人，时时都能给予对方掌控感，让对方可以根据现在的进度，从容不迫地安排自己的下一步行动。

我常跟员工说，当同事有事找你时，不管你现在空不空，哪怕周末你正在逛街，手头没有电脑无法处理，也必须在收到信息时立即告知实情，并附上"需要多久可以开始"以及"从开始到完成需要多久"——允许继续逛街，但一定要把掌控感给予对方，不能因为当下很难完成或当下不好回答就当没看到。

置之不理的坏处是对方并不知晓你是否收到信息或已经开始，也不知晓何时能收到你的进度反馈，于是他就完全无法进行下一步的行动——究竟是根据事情的紧急程度另找他人，还是再等等。这样的人就会被认为"不靠谱"，必定是合作中不受欢迎的一方，也会在自己不知情的情况下失去很多机会。从长远来看，一个人有没有成功的机会，跟运气有一定关系，但往往跟自己的关系更大。

靠谱是一种综合气质，它藏在靠谱者自己都不一定能注意到的一些习惯之中。你能说出朋友中谁比较靠谱，但你不一定说得出他在什么事情上让你觉得很靠谱。人们会忘记你说过的话，会忘记你做过的事，但不会忘记对你的综合感受，这种感受，是在一次次的交互中汇聚而成——你做事的所有习惯，最终会汇聚成一股综合气质，影响到你能获得的机会和未来的轨迹。

三招破除社交心理障碍

我们这一章主要讲社交，很多人可能对此有一种矛盾心理：既想窥探社交的奥秘，又觉得自己天生不是这块料，读了也不一定有用，因为个性内向，根本不敢迈出社交的第一步。

不用怀疑，这个世界上就是有人善于社交，有人不善于社交，每个人的个性尽管没有绝对的外向和内向之分，但一定有不同程度的偏向。没有谁必须依靠特别高超的社交技巧才能上行，只不过我们要了解自己，顺着自己的性格偏向做事，事半功倍；而逆着自己的性格偏向做事，不是做不好，就是事倍功半。

作为跟很多人一样对社交怀有一定程度抗拒的人，我也曾对社交感到苦恼，我很少愿意主动接触陌生或半陌生的人，因为这会让我显得对别人有企图，而我的自尊又在强烈地阻止我的"热脸"去贴别人可能会出现的"冷屁股"。

在尝试了很多方法之后，我发现有三招最适合像我这样的人，或许也适合正在阅读的你。

第一招：**主动吸引**。

这确实是社交恐惧者的福音，因为只需要不停地增加自己的吸引力，然后坐等其他人过来主动社交即可，大部分的时间里，我就是这么做的。

可这招一旦遇上你真想主动社交的人就失灵了，你拼命地希望那个人能看你一眼，可任凭你花枝招展，对方就是看不到你，此时你只能自我安慰"不跟他社交也不会如何"或者"等我更牛了让他高攀不起"，诸如此类，其实只是给自己的社交恐惧一个台阶下。

于是我试了第二招：**朋友介绍**。

这个方法也很实用，但凡遇上想社交的陌生人或半陌生人，先找到一个共同的朋友，拉个群或组个局认识一下，就能极大地缓冲社交压力——毕竟有朋友作为中间媒介在场，无论双方的社会地位相差多远，至少表面上能关系融洽。

初步认识之后，就需要自己来维护了，此时很多人就犯了难——吃过一次饭，也加了微信，照理也算脸熟了，可怎么维护呢？你会发现，你跟不熟的人就算在某一场合下认识了，你们也是不熟的，因为这位中间的朋友跟你们分别都有共同的经历，而你们彼此之间并没有，因此朋友一旦不在场，就瞬间又陷入社交冰点之中。

此时就该使用第三招了：**主动提供价值**。

当你想主动社交时，你的心理障碍是"不想让别人觉得自己有企图"。主动社交就跟表白一样，有一定的失败概率，这有可能伤害到你的自尊。

但你事实上就是有企图，否则为什么要主动社交，为什么对象是这个人而不是那个人呢？所以，其实你明知道自己的企图，却在大脑中试图淡化这件事或这个目的，可大脑又没那么好糊弄，于是就产生了恐惧——你只是怕别人察觉到你的企图。因此，你必须在事实上去改变这种试图"空手套白狼"的行为，主动向对方提供价值。

当你通过事先调研，确定能够帮对方解决一个头疼的问题时，你就不会那么不好意思。因为你能先让对方受益，就算接下来的社交价值互换主动权掌握在对方手里，你也肯定不会落入"白占对方便宜"的低评价之中。

而一旦有过一次或多次的利益互换，你们就不再是"隔着一层"的朋友，后续的社交就会自然得多。

维护好你的超级节点

以上是给不善于社交但又需要社交的人的一些小方法。那有人可能会说，如果我就是一个无法付出太多社交努力的人，我就是对社交有着极大的生理不适，有没有更简单的方法，能让我用最小的成本获得最大的社交收益？

再羞于社交的人，身边也总有几个好朋友。你翻找一下，在这几个好朋友里，有没有这样一个人，就是不管你发生了什么事情，只要先找到他，他就能帮你找到能帮助到你的人？

有这样一个朋友和没有这样一个朋友，对一个社交圈不大的人来说，是有天壤之别的，因为一个这样的好朋友，能够帮你解决一大半的社交问题。这样的人，我把他称为"超级节点"。

超级节点，顾名思义，就是以这个人为中心，能够辐射到无数的普通节点，他和其他节点的连接远比其他节点之间的连接要多。

我们都知道六度理论，指的是通过不超过 6 个人的关系连接，你可以认识全世界任意的人，而随着网络世界的不断发展，这个社交关系或许已经到了 5 度或更少。如果此时你切换到上帝视角，能清楚地看到自己认识每一个人经过的节点路线，你会吃惊地发现，其实大部分路线的发起端都是少数那几个人。

我身边就有几个这样的人，无论是我在创业中遇到人脉资源的问题，还是日常办事中需要找个高级别的关键人，他们中总是至少有一个人能帮我对接上，甚至我还没亲自拜访，对方就直接帮我解决了问题。

有一年，我的一家新公司刚开始组建团队，有一个部门的专业人员特别缺，于是不得已麻烦其中一位朋友，结果这位朋友一个人串起一长串，直接把整个团队给配齐了。

这种人就是超级节点，如果你不是一个能在社交网络中游刃有余的人，或者你不是一个享受社交过程的人，而是一个专注提升自我的更大价值产出的人，那么你至少得认识几个这样的人，并维护好跟他们的关系——这些都是社交高手，他们自带强社交属性，通常很好维护，只要你自身的社会价值保持在一定水准，跟他们相处时，社交能力稍差些也问题不大。但如果你连这样的超级节点都不愿维护，那就一定会在社交上吃大亏，你的自身价值就算再大也会大打折扣。人毕竟是社会动物，不是任何事情都能用市场规则解决的。

当然，我们的首选是自己成为这样的超级节点，可每个人都有自己独特的性格特点，也有自己的最佳发展路径，并不是谁都适合这样的角色，所以对于那些不适合的人（比如我）来说，将80%的社交精力放在维护极少数的超级节点上，是最便捷也是最不让社交弱势拖自身上行后腿的方法。

对"他人"的正确期待

有些人能在社交过程中给人一种如沐春风的感觉，在他们面前，你可以肆意地做出你想做的决定，他们只给建议，就算你最终并不采纳，他们也支持，只要这件事只跟你自己有关；但有些人则使人"压力山大"，好像如果你不按他们的"规定动作"做的话，就伤害了关系，甚至上升到背叛。

后者有一种非常典型的共性，那就是当他们在付出的时候，总是很把自己当回事，总期待着未来能换回些什么。而正是由于这种期待，导致他们喜欢基于自己的付出而对他人的行为指手画脚。

比如很多父母在跟孩子的交往中，尽管他们正牺牲自己的利益，将最好的菜端到孩子面前，但免不了提一句"这部分的虾肉最好，都给你"。这一句点出了他们的不甘、不舍，同时也给接受者造成了心理压力。

这个世上没什么东西能够凭空消失，如果看似消失了，就一定是转换成了其他形式。父母的这种不甘、不舍，会在他们的潜意识里累积起来，等到孩子长大成人后，就开始无法自控地转换成对孩子人生的掌控——我的牺牲那么多，你怎么能不按我的规定动作来呢？当然是以爱的名义。

朋友、爱人之间的社交也是同理，凡是让人感到"压力山大"的相处模式，大都跟社交过程中对他人的错误期待有关。

曾经有位读者对我说她事事都把她的某位朋友放在第一位，但这位朋友对她却并非如此，为什么她不能得到同等相待？她想拉黑她的朋友。

我问她："有没有什么人总是把你放在第一位？"

她说："应该有。"

我说："那你把你的这位朋友放在第一位，别人该不该拉黑你呢？"

我相信她从来没有对等地想过这个简单的问题，因为但凡想过这个问题的人，都会明白人与人之间的重要性排序，是永远不可能完全对等的。就像我们刚刚说的超级节点，你将超级节点排到你朋友中的第一位是正确的，但若是按照对等原则，他就该把你排到第一位。如果一旦不对等就会令人不快，那么他将你排第一位就会引发"其他的你"不快，从而他就成不了超级节点，这就跟"你应该基于他是超级节点而将他排在第一位"有了逻辑上的矛盾。

付出有没有回报，是一个时机和概率的问题。若是你收获了概率，其实就已经得到了回报。比如你帮一个朋友解决了问题，如果他会在某一个合适的时机下倾向于帮助你，那么不管这种条件是否真实出现、帮助是否真实发生，你上一次的付出都已经得到了回报。

不要期待他人会对我们有多大的善意，更不要期待他人会做我们想象中的规定动作，因为你的期待或多或少会体现在你的表情、言语和细微的行为暗示中，从而对他人造成压力，那你的社交关系就一定不会太好。

我们必须清楚，社交是人生的加速器，而不是救命丸。每个人在遇到困难时，都不要指望依靠社交去解决问题，能解决问题的一定是自己。别人帮忙，那是自己拥有的交易价值足够高所致——越是强者，越是不期待别人帮忙，但主动帮忙的人越多；越是弱者，越是期待别人伸出援手，越是连被动帮忙的人都没有。

付出就是付出本身，不要试图与别人进行规定动作的交换，由弱变强一定是先靠自己，然后社交才能发挥作用。

趋势比实力更重要

很多人在社交中会犯同一个错误，那就是喜欢在一开始就秀肌肉，将自己所有的光芒在最短的时间里展示出来，只为尽量在短期内让对方高看一眼，从而获得可能收获的最好的短期交易，或得到一种倍受尊重的心理回报。

这种策略是人性使然，且只在短期交互中起作用。如果是长期交互的对象呢？你就会发现一件事情，那就是随着了解的深入，他们不是越来越牛，而是越来越不牛。这不是说他们展示的东西事实上越来越不牛了，而是我们判断他人的趋势发生了变化。

人在判断一件事的时候，判断的往往是趋势。当一辆车向我们冲过来时，尽管还有很远，我们也会感到害怕；但当一辆车刚刚启动正离我们缓慢远去时，哪怕当下贴得很近，我们也感到安全。股市正在上涨，尽管我们还亏损，也心里踏实；股市正在下跌，尽管我们还盈利，也寝食难安。

我们看待一个孩子时，如果孩子 3 岁就会 100 以内的加减法，我们就会觉得这孩子很厉害。这不是说会 100 以内的加减法就很厉害，而是 3 岁就会，我们会将这种趋势推导到 8 岁小学毕业，13 岁上大学。当我们发现一位同事，尽管才跟我们相处了一个月，但每天都能表演一个小魔术逗大家开心，我们就觉得他特别厉害，因为我们已经自动推导到他一年能给我们变 365 个。

人们判断事物常用的就是这样的方式。可事实上，3 岁会 100 以内的加减法，不一定到了校园阶段就能考第一，也不代表就做得出数学应用题；而一个月每天表演一个魔术不重样，不代表一年就能变 365 个，很可能他就只会 30 个。

人们过于喜欢用趋势和均值去衡量事物，而不是绝对值。举个例子，如果这本书共 20 页，每页都是经典中的经典，知识密度高到你前所未见，那么这本书的评分就可能是 9.9 分。但如果这本书变成了 1000 页，售价不变，尽管后面的知识密度也很高，只是不如前面 20 页那么高，那这本书的评分就可能是 8.5 分。

这是为什么？明明厚的图书提供了更多的内容，能让大家用同样的价格学到更多的知识，为什么评分反而低了？人的大脑多数时候只以感觉来判断人、事、物。

所以，我们在社交中展示价值是正常且有必要的，但一定不能让人在最开始就产生"你无法持续上升"的预期。而是得让对方不断有机会发现你有更令人惊喜之处，对方才可能顺着这个趋势继续往下推演，认为你身上必定还有其他了不得的东西——如果你前面展示的价值和实力是层层递进的，对方推演的往往会比你的全部实力所在层次还要高。

一个很多人都不曾发现的事实是：人是靠感受判断世界的动物，但人的感受往往不是当前的感受，而是根据趋势推演后的未来映射回当前的感受。一个眼看坐吃山空的人，就算仍拥有万贯家财，当下也会终日焦虑；一个每一天都比前一天好的人，就算目前还身无分文，当下仍会乐观向上。

管理好你在别人眼中的趋势，就等同于管理好了别人对你的价值判断。而那些快速上行的人，则还有"第二次社交生命"，他们可以在偶尔没能管理好的时候，通过快速上行延续自己在别人心目中的趋势。

如何结交更有实力的人？

都说一个人的收入约等于他最亲密的 6 个朋友的平均收入，我们暂不去考量这种说法的科学性（大概率是不科学的，仅仅是让某个道理简单易懂罢了），但升级朋友圈应该是每个人都希望的。我们不必功利地换掉那些为我们带来情绪收益的好朋友，但每个人或多或少都会希望自己能同时拥有几个有着更大现实能量的朋友，即使不能给事业带来即时助力，至少也能让自己更有安全感。

正如我们上一章的结尾对圈子和能力的论述一样，有人会觉得自身的段位不够，担心结交这些人就没有用。

这是正确的，提升自身段位当然是一等一的大事，一个自身不到20分价值水准的人去刻意结交100分价值水准的，就是浪费时间，毕竟要让100分价值水准的人看得上，你至少也得有90分的价值水准才行。但换个角度看，如果你会使用一些方法，愿意付出一些成本，只要你能达到90分价值水准就足够结交100分价值水准的人了，而不是必须自己先严格达到100分价值水准才行。而你在他的帮助下，从90分价值水准到100分价值水准的时间可能会大大缩短，因此提升自己是结交有实力的人物最重要的前提，而"学会结交更有实力的人"则是在这个前提下的重要技能。

想要结交比自己更有实力的人，首先在心态上要过两关。

认知关

你必须真正认为结交这个人对你有大的助益，而非"得之我幸，失之我命"。如果是后者，你就一定结交不到这个人，结交到也不可能深入，因为你已经提前为自己找好了理由，于是必然不会为此付出过多成本。

抗压关

刘备三顾茅庐的真正厉害之处并不在于"三顾"，我相信如果在知道结果的前提下穿越过去，你能恭恭敬敬地请上三十次。我认为，三顾茅庐的厉害之处在于不知道"三顾"是否能成功，刘备依然坚持去请诸葛亮出山，这就是很多人做不到的地方。大多数人连坚持读书或坚持下班后充电都做不到——当结果确定的时候，坚持是再容易不过的事，但一旦结果不定，人们往往连一秒钟都不愿意付出。

如果你告诉一位电话销售，每打 1000 次电话，就确定他能有 1 万元收入，那么他即使每次打电话都被客户拒绝，心里都会是高兴的，因为每一个电话的价值被量化出来了。但如果不能确定，哪怕大数据告诉他在打过 1000 次电话后能有 1 万元的收入，他也一样会泄气——谁知道会不会轮到我呢？

结交更有实力的人，本就是你占便宜的事情，而对方的态度不如你热情，结交意愿不如你强，是理所当然的事情，所以一定要有抗压能力。

如果你过了这两关，接下来我们就可以涉及具体的方法论了。我们先将"更有实力"分为两类：一类是比你稍有实力，例如财富比你多几倍，社会影响力比你高一到二级的；另一类是比你能量大得多，例如财富多你几十倍，社会影响力比你高三级、四级乃至更多级。

跟比你稍有实力的人结交，要遵循以下三点：

从朋友引荐开始

最好从朋友引荐开始，主动介绍自己，能一起达成某个小合作为最佳，多小都无所谓，这样往往直接就能结交。比你实力只是稍强的人通常不会拒你于千里之外，朋友引荐更保险一些，而有合作打底则关系能更持久一些。

大方

无论是一起吃饭还是一起参与的其他活动必须由你买单，一起合作也都得你付出更多但收益对等或拿更少。你可能会问"凭什么"？凭对方的合作可选项比你多。如果你想跟他建立起长久的关系，这就是投名状。此外，跟比你更高能量的人合作，在小处吃亏越多，获得的人情个数就越多，而从人情转换成大收益，要比靠对等利益叠加快得多。

付费

付费是最直接表示诚意的方式。如果对方有收费项目，在你个人可承受范围之内，直接付费，它的效果会比你送东西来得好，哪怕花销与成本等同。

付费，是对价值的一种认同。如果一个人想结识你，你认为他也需要你提供的收费项目，但他却不愿意付费，你会觉得他是真的认同你还是光想着从你身上得到好处呢？我这样的轻微社交抗拒者很难接受直接上去跟人打交道，就用这个方式结识了不少想结识的人，当然前提别忘了，你自己也得行，否则你们很难有真正意义上的合作。

以上三个要点在稍有实力的对象上差不多够用了，因为他们本身也希望多结识在他们的能量等级上下的人，但若是和比你能量大得多的人结交就不一样了，因为他们几乎不会有任何认识你的需求。

所有你能提供的价值，他们大都能找到跟你同领域但比你更高段位的人为他们提供。你的大方是必须的，但人家根本不稀罕，就算明知道有便宜可占也看不上，所以这里的三个要点就得变了。

不主动打扰

如果你因为机缘巧合认识了一位大佬，最差的做法是上来就求合作，或者各种打扰，例如有什么小问题都想着去麻烦对方。高射炮不是用来打蚊子的，如果很小的事情你都搞不定，只能暴露你自己的层次和能力。

很多人喜欢说"人脉是麻烦出来的"。但这句话仅限于同等级或几乎同等级的人，因为你们的时间价值差不多，所以互相麻烦可以增进感情。如果你们的等级相差过大，就算彼此都为对方做了一件价值对等的事，花费时间也相同，可你的机会时间成本是1万，而他可能是100万，怎么可能对等呢？

如果你不希望对方以最快速度把你删除或屏蔽，就介绍完自己后安安静静躺着，静待时机。过年短信之类的统统不要发，统一模板群发就更是反面教材，千万别犯低级错误。

关注他的一举一动，但不轻举妄动，一旦找到能帮忙的机会就得以比别人更快的速度将"皇榜"揭下来。

尽管不能打扰，但可以关注对方、置顶对方，给对方的社交媒体转赞评，比如在朋友圈或其他社交媒体上认真互动都是很好的。而且只要认真观察，你就有可能知道他正在做的事，猜测到他想要达成的目标，以及有可能正在烦恼的事。

我跟一位当年比我高好几个能量等级的朋友结识就是如此，我几乎没有和他私聊过，只是在社交媒体上互动。后来他在社交媒体上拍卖一次与他共同用餐的机会，价格6位数，刚发出2分钟我就直接拍下了，我想当时的他或许还需要看聊天记录才能想得起我是谁。

像他这样的人，拍卖共同用餐机会，更多的目的一定是用门槛来筛选朋友、合作伙伴，以及用门槛来自证价值。所以，当他真的达到了目的，将人筛选出来，对方也证实了价值后，收钱反而是不好意思的事。果然，那一年我得到的他给的机会和价值远超这个数字，因为他是绝对不愿意让我产生"不值票价"的感受的。

之后，我们建立起了非常好的友谊，直到现在，他也是我最重要的超级节点之一。

专注

如果说比你实力稍强的合作对象越多越好，那超强实力的合作对象就不是这样了。对于比你实力稍强的合作对象，你还能跟对方在某些层面上互惠，所以你并不需要付出太多的精力去关注。但在超强实力的人面前，由于你能得到的潜在收益太多，可能随便给你一个机会，一不小心就能让你直接超越比你稍有实力的人，所以你要花的心思也要多出很多，这时候"广撒网"或者说"分散投资"就不是什么好策略。

你在十个大佬身上一起下功夫，往往什么都得不到，因为你花在每个人身上的只是十分之一，他们每个人身边都必定围了一群比你下更多功夫的人。你只能通过认真筛选，选出一两个你认为真正能帮上你、也最有帮人意愿的，把精力都花下去，才有可能吸引到对方的注意。

以跟前面提到的这位朋友的结识为例，互加了联系方式并不等于结识，你必须要创造你为他认真提供服务、解决麻烦的机会，这就是结识的机缘。而这种机缘往往转瞬即逝，因为当别人也看到时，你能提供的价值往往不是最高，所以你只能快，快就得专注，若是同时关注很多人就做不到了。

那么在十个人里面选定一两个时，有没有什么选择的依据呢？你可以综合两点。

一是最容易的。

比如，他是你父母的发小或远房亲戚，或是他对你已经有过还不错的印象，这些就属于比较容易建立关系的。就像钻一口油井，本身就离出油不远了，就先把这里的油钻出来再去找下一口，千万别浪费资源。

二是举手之劳就能让你上一个台阶的。

如果难易程度差别不大，就得根据你自身的能力去选择了。你在哪个领域本身就很有能力，只是还欠缺机会，就选择能在哪个领域直接帮上你的人。因为大佬帮人并不随意，也会根据你的自身素质衡量帮你的难易程度，来决定要不要跟你建立关系。

例如，对方是一位知名导演，而你是一个演技不错、自身条件也不错，只欠一次机会的新演员，那么帮你的人情是最大的，也是比较容易达成的。但如果你根本没演过戏，要在你擅长的领域帮你更上一层楼，得麻烦导演自己的朋友，那么他就很可能选择跟另一位和你差不多但更容易使得上力的小朋友结识。

以上都是具体的关于结交的术。面对能量大过你的人，重点在于如何把握最适当的时机，用什么样的方式，主动及时地献上你的独特价值。不过，万变不离其宗，究其根本，还是回归社交最初的本质：管理好自己、管理好他人。

这两句话可以这样理解：先管理好自己，才能管理好他人。也可以这样理解：从管理好他人的角度，可反推该如何管理好自己。还可以这样理解：管理好自己，能让管理好他人的难度降低。而管理好了他人，则能让管理好自己轻松很多。

社交的人情账怎么算才对？

从刚刚我们讲到的如何结识实力"稍强于我们"和"远胜于我们"的人的不同的"术"，不难看出两点：首先是在社交中，能量更小的一方必定要付出更多；其次是能量差距越大，要付出的时间往往更长，也需要更专注。

此时作为能量更小的一方，最好的结果就是不让对方直接等价回报，毕竟自己能提供的价值往往有限，所以等价回报并不值钱，这里真正需要的是机会——有可能让自己的生活彻底提升一级的机会。

所以，对于能量更小的一方来说，最好的结果就是把人情按"个"结算，因为"个"足够模糊，出去一个小的，就可能回来一个大的。

但要注意，要够得上"个"的门槛，也得分对象。如果对方是一个小店主，你在社区群里呼吁大家去小店买东西或许就算得上"一个"了，但如果你的对面是个大企业家，连锁店开了五十多家，你这么做就够不上"一个"了——这么小的事情想让对方对你有印象，从而还你"一个"人情，是不可能的，你必须得努力做一件至少对对方的级别来说够得上"一个"人情的事情才行，其他的都只是顺手帮忙。

而对于实力强于你的人来说，他最希望的就是能跟你等价交换。如果你送的土特产根本不值钱，他随手扔掉的零钱就能买一筐，为什么他非得欠你不可量化的人情呢？

你会发现那些实力越强的人，越有一个习惯：面对实力弱于他们的人的帮助，除非根本不在意，假如他认为够得上"一个"人情了，就喜欢马上主动带给你什么，当场就把你的人情等价掉，不让你有折算的机会。这些人看起来非常懂礼数，其实是精明，且这就代表了他们还没有打算真正信任你，不愿意跟你交换不可量化的东西。

此时你就得明白自己仍需继续努力，无论是在提升自己的等级上还是在对对方的关注和诚意上。千万不可因对方的回馈而沾沾自喜，对方只有收下你算得上"一个"的人情，且没有按市场价即时回报给你"一个"人情，你才能算完成了第一步。

而若是对方真的还了你一个大的人情，也千万不要用金钱回报——只有能量自上而下才有资格用金钱回报，若是能量自下而上，则始终要用人情——可以支持对方的项目，也可以拿稳赚不赔的买卖便宜对方，哪怕最终付出的成本一致，也不能用明晃晃、数目分明的金钱（数目和对方应得的报酬对等）来回报对方，否则好不容易建立起的情感关系就变质了。

以上是我们处于能量低位的情况。若是我们处于能量高位，该如何应对别人对我们的"良苦用心"，逆推将自己代入上方的"对方心态"中即可。

如何放下"拒绝＝绝交"的执念？

我们曾在上一章说，时间要尽量留给更值得的人，社交愉悦时间和社交价值交换时间当然也是，所以在不值的人、事、物上，该怎么拒绝就怎么拒绝。然而在人情氛围浓厚的地方，拒绝永远是社交中的一大难点。不当一个"老好人"似乎总是有不安全感，毕竟很多人在社交中的心理永远是"若是得罪了对方，万一被记恨或求人时得不到帮助怎么办"。

要放下这种对社会安全感的无底线执念，你需要先明白两件事：

第一，不管你拒不拒绝，你得到帮助的最大因素都不是你曾经帮助对方。

在拙著《认知突围》里，我最早提出了"资产性人缘"和"劳动性人缘"的概念，即如果一个人只能靠不断为他人提供贡献来维持他人有可能给予自己优待的可能性，这样积累起来的人缘就是劳动性人缘，是非常脆弱的，一旦不继续提供价值，前面所有的贡献将全部白费。

但如果一个人本身拥有着巨大的社会价值，潜在的能提供的价值非常大，那么他不提供价值也能收获到很多别人主动提供的价值。

这说明一个问题：一个人对他人的价值一定在未来，而不是过去。如果你想得到对方的帮助，最大的考量因素是你在未来对对方是否可能有价值，以及有多少价值。在这个前提之下，才是你过去为对方提供过多少价值。

最明显的例子，就是当曾经培养你但现已退休的师父和当下的大领导同时让你做一件利益上有冲突的事情，你会选择帮谁？一个代表了过去，一个代表了未来。

因此，拒绝对方并不意味着对方就会翻脸或者不与你往来，只要你保有和精进自身价值，你未来的潜在可提供价值就不会掉价，拒绝并不影响什么。

第二，对拒绝感到愤怒不一定源于拒绝本身。

很多人有一种误解，似乎一旦拒绝他人，就会引起对方的愤怒。其实不然，我拒绝过很多朋友的各种请求，但对方并不会愤怒。原因除了我们刚刚说的"未来潜在价值"以外，还有一个，那就是我对自己的原则从不例外。

如果你是一个有原则的人，能妥协的尽量为朋友妥协，触及原则不能妥协的就对所有人一视同仁，那么只要跟你有过一段相处的人自然就会慢慢懂得你的规则——当你拒绝的时候，他们就明白这件事在你的原则里是必须这样处理的，于是他们便不会感到愤怒。

人们对你的拒绝感到愤怒，大都来自你在人设上的反复无常。比如，你原本是个"乐善好施"的人，突然被发现之前是假装的，而由于人们的预期已被拔高，因此就会感到愤怒；相反，若是原本就没想着你能同意，那被你拒绝就符合自己原先的期待，就不会感到愤怒。

再比如，你原本立住了一个"有原则"的人设，但人们发现在同样的事情上，你竟然给予其他人优待，这也会让他们感到愤怒——愤怒并不来自你拒绝与否，而是区别对待，因为这会让他们觉得自己在你心目中，处于低价值和低亲密度的位置。

所以，如果你希望可以做到坦然地拒绝他人，首先你得尽量去提升自己的价值，你的价值越高，拒绝越是无伤大雅；其次就是你必须一以贯之地执行你的原则，这样的拒绝也最能被他人认同和接受。

你真的会玩资源游戏吗？

除了那些真的很擅长社交的人以外，多数人通讯录里的名字都是静静地躺着，哪怕是那些在某段时间里关系还算紧密的人，也没能起到社交资源的作用——一个看似巨大的资源池，其实里面的水是死的。

当然，资源闲置并不是罪过。对社交无所谓、资源可用可不用，这样的想法和做法也无可厚非。但这不是重点，重点是闲置久了，资源就不一定还是你的了，也就是随着你跟资源的交互减少，某些资源就会渐渐流失，你的可用资源总量自然也会逐步减少。那有没有什么办法让这个池子里的水活起来？

你可以试着整理一下身边能用上的资源，将他们分成两列，一列写上他们能提供的帮助，另一列写上他们需要的帮助。然后，你在两列中间做个"连连看"，你会发现很多人能提供的帮助，跟另一些人的迫切需求是可以匹配上的。尽管他们并不能一一对应，但只要多找几个人参与进来，绕个圈，就有机会成为一个闭环——这两列越长，打造多个闭环、打造大闭环的可能性越大。

我曾在小范围做过这样的实验，相信有少数读者可能亲身参与过：你需要什么，自有人免费提供给你，但前提是你也必须拥有能提供给其他人的独一无二的价值，且免费。如若你自身不能提供任何价值，或你的价值非常普遍，等级也不高，那你就无法被拉入这个游戏闭环之中，当然你的需求也就无法被满足。

这种闭环有点像最早的物物交换：甲想要一把斧子，乙倒是有斧子，可并不想要甲手上的两只鸡，想要丙家里的一张毛毯；丙有毛毯，但不想要斧子，想要丁家里的一头猪；丁有猪，但不想要毛毯，想要换两只鸡。

如果没有货币的出现，这四个人恐怕永远都无法得到自己想要的，而一旦有了货币，或者有一个人了解到了四个人手里的东西和想要的东西，那么这四个人就能够同时满足自己的愿望。

这就是货币的作用，而那位组织和搬运者正是被过去不懂经济学的人最看不起的、只会投机倒把、只搬运价值而不自己创造价值的商人。但如果没有这位搬运者，这四个人很可能会把自己的东西扔掉。如今通过资源的优化配置，社会上无端多出了四份本有可能被浪费的资源，因此商人获利天经地义。

而你，就可以试着去成为资源游戏中的货币。

那么你有什么动机去促成这件事呢？大家都满足了自己所需，你能获得什么？一个活的资源池是一堆资产，这堆资产的本金来自你周围的其他人，但它跟其他资产一样可以产生利息，这个利息就会归使用这堆资产的人所有——你让每个闭环中的人通过自己能提供的东西交换到自己所需的帮助，本身就是一种巨大的价值，这种价值带来的回报不是金钱，而是其他人的人情和对你的信任，这些东西是一个人"社会价值"的重要组成部分。

这就是货币的价值。然而，这个游戏也不是谁都能玩得起来的，必须先满足两个条件：

第一，你是否在有意识地收集具备一定等级的资源？

很多人是完全不清楚自己的朋友在干什么、能干什么的，甚至他们的某些要好朋友都已经换了三四份工作或者成为某领域的优质资源了，他都一无所知。他们也完全不了解朋友的需求，于是自然是不可能玩转这个游戏的，这是玩这个游戏先要付出的关注和社交成本。

第二，你有没有什么势能和通用资源值得他人信任，以及在闭环缺少一角的时候能补上或者通过交换得到？

就像你开了一个桌游吧，别人来你这里玩，你提供场地和服务，收的是场租。但如果别人对你不够信任，不容易把信任从你迁移到你信任的人，那这个游戏从一开始就不可能循环起来。顶级成功人士组私董会就会有很多人买单，哪怕私董会本身并没有传递什么有价值的内容，所有的价值都来自"会员社交"。你也想组织，但发现做不到，它的本质就是你和顶级成功人士的势能差距。同时，如果你自身的通用资源不够强，当闭环缺一个角时，资源游戏就玩不起来。相反，如果桌游吧老板自己就能下场一起玩游戏，或者能用自己那谁都想要的资源轻易换到一个对应的玩家下场，缺一个玩家的游戏就不会无端结束。这是玩这个游戏前要积累的本金。

　　当你满足了这两个条件之后，如果你愿意，性格又适合，就能用以上方法成为超高能量的超级节点，获得源源不断的社交利息。

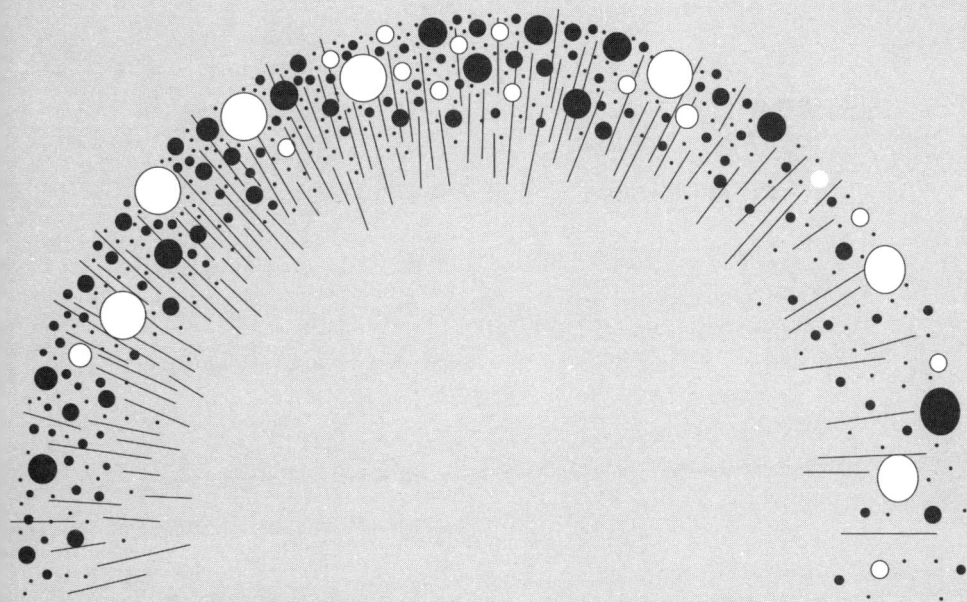

第五章

影响力：

做值得追随的人

上行清单：

1. 上行不等于提升影响力，但能提升影响力就是上行。

2. 你需要有一个更纯粹的标签。

3. 展示过多的优势，反而有可能掉入"好学生陷阱"。

4. 尽量多尝试，是因为你并不知道运气会光顾哪一次。

5. 一个人的影响力与过程的关系不大，与结果的关系很大。

6. 如果你拥有了通道优势，就能做到降维打击。

7. 必须复制更多师者和能者版本的自己，才能更快地增强影响力。

8. 当我们是纯素人的时候，风口不可追，只能提前布局，乘风而起。

9. 影响力的广度和深度可以通过一定的催化剂不停地转化扩展。

影响力本身就是价值

相信很多人都曾困惑过一个问题，那就是"明星为什么能赚这么多钱"。或许还有不少人曾替其他行业的人鸣不平——为什么这些实实在在做事情的人，赚的钱还不到明星拿的零头？世界是不是太不公平了？

如果你真的这么想过，说明你在影响力的价值认定上还是门外汉。

明星并不是都赚得多。明星是个很泛的概念，分为极多的层次，仅有那些顶级明星才赚得多，他们的数量很少，但恰恰最为我们熟知，也被我们时刻关注着。其他不够顶级的明星，有很多转做幕后工作，也有改行卖保险，很多三线以下的明星连在一线城市租房都成问题，这才是多数明星的常态。

顶级明星之所以赚得多，是由于他们的影响力足够大。比如一位谐星，如果能给每个人带来一分钟的快乐，每个人都愿意为一分钟的快乐付费1元钱，你觉得他一分钟的价值应该是多少？他收的所谓"天价酬劳"，其实在真实价值传递中占比还算很少，因为他无法光靠自己就将这一分钟的价值展示给每一个人，大部分贡献都在于负责传播的平台和经纪团队——每个人获得的这一分钟快乐是几百甚至几千人共同协作努力的结果。

影响力有两个维度，一个是广度，一个是深度。

影响力的广度，就是传播面的广度。

大面积的传播力本身就拥有极大的信息触达价值，因为每一次传播都需要耗费成本。如若不信，你可以试着把一个你认为的好东西（比如这本书）推荐给 1000 个人，我想普通人是很难做到的，就算能勉强做到，也得花费较大的成本。但如果是一个无论发出什么信息都能够轻松触达 1000 个、10000 个甚至更多人的载体，每一次看似轻松触达的价值，就是你艰难触达要付出的成本，这价值不可谓不大。

而影响力的深度，则是单次影响力的大小。

如今我们每一个人都生活在信息爆炸的时代。你怎么知道抵御新冠病毒需要戴口罩？你怎么知道哪个人奉行的投资理论是正确的？你怎么知道读哪些书对提升思维有帮助？我们不能连勾股定理也要自己推论，这样人类根本无法生存，也无法进步。我们必须找到一些可靠的信息源，先验证信息的可信度，若是没问题，那么在时间不允许我们思考或需要更多背景知识的时候，最好的选择就是直接相信这些信息源的信息。

这些信息源会对我们产生很大的影响力，它们认为什么好，我们就认为什么好；它们认为什么能做，我们就照做。它们帮助我们节约了大量的时间，让我们得以把时间应用在其他事情上也不耽误在此处做出相对正确的选择。这是不是很有价值？当然是，我们对某种信息源的依赖度越高，它的影响力就越大。

深度，是一种依赖度的体现。比如，你是一名程序员，你所在的公司有某一类程序只有你能写，那么公司对你的依赖度就非常高，你对公司的影响力也非常深。

影响力无论是广还是深，都可以产生巨大的价值，而有些人的影响力又广又深，比如既能够将信息传递给几百万、几千万人，又能让其中几十万人对他提供的信息完全信任，愿意用直接购买的方式表达对信息价值的认可，那么伴随价值而来的收益，就是自然而然的副产品了。

提升自身影响力的过程，从某个维度上来说就是上行的过程。你想有足够的能力把信息传递给更多人，你想让他人对你的信息有较高的依赖度，那你首先就得为更多人提供价值，人们才愿意接受你的信息，而只有你的信息屡次被证明有价值，人们才会愿意不加分辨地购买你的信息，节省自己的选择成本。

别以为这只是"网红的上行之路"，很多方面都是如此，例如升职加薪的关键：你在团队里的影响力（领导力）、在老板面前的影响力（信任度）、在客户面前的影响力（专业性）。

上行不等于提升影响力，但能提升影响力就是上行。

影响力的关键，全在标签

闭上眼睛思考一下：

当你要买书的时候，你会去哪里？当你要读书的时候，你又会去哪里？

当你要付款的时候，你会用什么支付？当你要发红包的时候，你又会用什么？

当你要学习思维的时候，你会关注谁说的话？当你要学习两性相处之道的时候，你又会关注谁说的话？

当你要买书的时候，你可能会去当当网，但当你要读书的时候，你可能会打开微信读书。

有人可能会问：淘宝网不是也可以买书吗？也可以，但更多人还是习惯去当当网买书。那又为什么不在当当网读书呢？当当网的确也有电子书，但大家通常不认为当当网是个读书的地方。

这里的关键点就是"纯粹"。所谓纯粹，指的是一件事物里包含了一个显而易见的最突出的重点，这样的纯粹点可被称为这件事物的"标签"。

付款用支付宝，发红包用微信，这是很多人的习惯，尽管它们两者都包含了彼此的功能；想学习思维，你或许会听听我说了什么，因为我的第一本书《认知突围》和我的文章风格给读者留下了深刻的印象，我也被市场定义成了擅长讲认知和思维的作者。你可能也知道我写过一本同样很不错的书——《爱情的逻辑》（我自认为质量很不错），但你本能地觉得我写两性相处之道不如那些"情感专家"们专业，所以你不一定会购买，就算买了、读了也不一定听我的，因为你的潜意识告诉自己，那不是蔡垒磊的标签。

标签，就是当别人听到你名字时立刻联想到的词。一个人的标签越清晰，他在这个标签所指向的领域就相对越有影响力。若是到了极致，甚至能够反向定义，例如别人提到什么标签，第一个跳出来的就是你，那你就等同于占领了整条赛道，能够获得无数的赛道红利。

例如淘宝网，一个零网购经验的人想尝试网上购物，就会先下载淘宝 App，App 获得这名用户无须任何推广费用。那拼多多或者京东网不行吗？不行，它们还没发展到"标签反向定义"的地步，这就是淘宝享受到的赛道标签红利（尤其是多年前）；再比如搜索引擎百度，从没有在网络上搜索过内容的人，想搜索一下怎么办？打开百度。这同样是零成本的赛道红利。

有人说，虽然我有标签，但怎么可能那么牛？是，寻常人的确不可能那么牛，但只要是人，都可以在某个范围内做到。例如，在你的大部分朋友那里，一说到什么就可以被反向定义，这应该是容易做到的，比如做菜最好吃、玩游戏最棒、酒量最大、学习成绩最好、法律知识最懂等等，只要在你框定的某个范围内能做到被反向定义，一样可以得到额外的机会红利。

那如果有很多的标签可不可以？可以，但这样你的个人形象就容易模糊。

就算你足够优秀，的确能在大部分事情上比大部分人都强，还是要刻意地去打造你最突出的那个标签，如若不然，就会像以下例子一样。

很多年前，我问过一位朋友，哪里的田鸡粥最好喝？他跟我推荐了某家店，名字就叫某某田鸡粥。喝完后，我发现这家的田鸡粥和另一家的味道几乎完全一致，于是我就问朋友这两家的田鸡粥有什么差别。他想了想说，似乎是差不多。那我就不解，既然差不多，另一家里还有这么多其他菜，为什么不直接推荐另一家呢？他说，因为这家就是专卖田鸡粥的啊。这就是标签的力量。

一个最优秀的学生所有科目都是第一，另一个学生其他科目都垫底，但数学却是全班第二，偶尔还能超越那位好学生拿到第一，当大家说到谁数学最好时，一定优先想到那位偏科最严重的，而忽略好学生在数学上也是第一的事实。

尽管高考并不看标签，但在社会的各个领域，在人们的感性认知中，就是偏科的那位学生在数学上更有影响力。如果数学是一项技能，他就能在数学方面得到更多的合作机会，因为他的标签足够突出，以致占据了每个人的心智。而谁占据了心智，谁就在某个范围内定义了那个赛道，就能够拿到赛道红利。

机器没有情感，好就是好，不好就是不好，但人有。人的脑容量有限，当他想到一个人、一件事物的时候，只能优先跳出自己为了更好地记忆而给这个人、这件事物贴的标签。就像在某个抽屉上贴的便笺纸，一旦贴上，一遇到便笺上的词，人的第一反应就一定是去这个抽屉里寻找。

因此你必须找到自己的专属标签。类目不需要特别大，如果你无法在任何基础类目上做到足够市场容量前提下的第一，在前面加上定语，例如"唱歌最好的主持人"，也不是不行。但一定要注意以下三点：

第一，问问自己，你真实地做过什么？你做过的最牛的事是什么？

你的标签必须是强大而真实的，不管别人如何看，至少对你来说是最牛的——你在一部分人面前，是真正有资格分享、有资格提供服务、能够产生影响力的人。

第二，允许加定语，但定语本身的领域必须大，必须是人们常关注、想做好的事，你不能说自己是"下棋最好的主持人"，这样的定语就没了意义。

第三，允许加定语，但定语不能超过一个，一旦超过一个，人的大脑就容易记不住，形象就会变得模糊。

强化你的标签和人设

当你获得了一个标签之后，接着就必须不断地强化它。当然人性的一个弱点就是贪婪，希望别人可以更全面地了解自己的所有优势，这样就很容易掉进我们刚刚所说的"好学生陷阱"。

想要用一种标签占据人们的心智、获得影响力，是很不容易的，但毁掉它却十分简单。你完全不需要在标签上做得有多么不好，只需要多做一些跟标签无关的事，无论你做得好与不好，都能将标签抹除。

部分明星厌倦了被人定义成某种固定的样子，或被人定义成一种自己不那么喜欢的样子，执着于转型。当初为了出名，所以初始人设尽管不尽如人意但先出了名再说，可当有了名利之后，就希望尝试新的人设，释放自己的另一面，或者试图做回"自己"。

但我们必须明白，当我们已经用某个标签获得了影响力的时候，强化标签就是"工作"的一部分。如果你想改掉这个标签，就等于跟当下的大客户说"我心情不好，不想接你这单"，又或者跟老板说"我今天很累，你自己干吧"——又回到了这个点：我们的心理收益大部分都是以现实利益为代价的。

那些试图转型的人，有几个成功了呢？很少，多数都沉寂下去了。他们以为转型不成功至少还能回来，但其实标签和人设的更改是一条不归路，当你转型不成功的时候，原来的"工作"也不可能还在原地等你，所以一定要提前想清楚，自己是不是愿意承受这个代价。

所有聚在你身边的人、被你占据心智的人，多数都是冲着你的某个标签而来的，是这个标签让你有了使信息快速触达他人的通道和优先获取合作的机会。如果你想换一个标签，换一个人设，当然还会有喜欢的人，人数也不一定少，但不是当下聚在你身边的那批人——他们都在别处，跟你信息不对称。要你重新积累，重新销售自己，重新花费成本去触达另一批人，你未必能够做到。

每一个被你的标签和人设吸引的，都对你有一种基础预期。如果你一次又一次地打破他们的预期，他们就容易"出戏"，渐渐地，其他人会吸引他们的注意力，而你就会失去原标签的影响力，失去触达他们的能力。

没人愿意记住一个极度立体的人，除非想着跟你在一起。

越简单的标签，覆盖范围越广，受众市场越大，越容易被记住。如果一个人是"极度理性的"，那么当我想到"理性"的时候就会想到他，当我有一个困惑需要有人能理性地帮我解答时，我会去找他。

如果他又经常浓墨重彩地表现出其他面，人们就会在他的标签上加定语——他是一个除两性关系以外的理性者，又或者再加一个——他是一个除两性关系以外的、平日里会见义勇为的理性者。这个人的确很立体丰富，是个非常具体的人，但也什么都不是了。他变得跟你见到的大多数人一样普通，任何事你都不会优先想到他，因为你根本无法将他归类，于是他在任何事上都不会被你优先选择。

所以将标签形象强化下去就是你的工作，并非可以随心所欲。若是标签和人设都还未产生什么影响，大可以重新立；若是已然带来了收益，在出现更好的选择前，你不仅需要扮演下去，还得继续强化，让收益、机会和红利扩大。

具体怎么做？对普通人而言非常简单，你给自己贴什么标签和立什么人设，那么平日里就至少要把 60% 的展示面留给它，然后才是其他，这样别人才能轻易地将你放入某个抽屉之中，以及在看到你传递出来的大多数信息时，不知不觉将你的标签继续强化下去。

比如你是一个社群方面的专家，或是一个朋友圈里的投资高手，那么你在公开展示面的信息上，最好有 60% 以上的内容与之相关。什么"晒娃"、"晒风景"、"晒美食"、发深夜鸡汤之类的信息全部加起来不能超过 40% 的篇幅。如果你得到了一些能加强你标签和人设的奖项，或是其他任何有助于别人在这方面更信任你的信息，更应该在第一时间就公开展示。

或许有人觉得用这样的方式去经营和表达自己，是不是太不自由了？是的，你要相信绝大部分的成功和好运都不可能是无缘无故的——概率对谁更友好，运气就对谁更友好，而概率这件事，人为的因素占比很大。

可还是会有人担忧，这样会不会太高调？当然不。当你展示的内容跟别人没有形成直接竞争关系时，别人会欣赏你的行为，甚至以"有你这个朋友"为荣，但当你展示的东西跟别人有直接竞争关系时，别人就会厌恶你的行为。

所以如果你展示的是自己在独特事业上取得的成绩，那只会增加你的影响力，因为别人拥有的东西、做的事情跟你无法直接对比。而如果你展示的是自己的财富和幸福感，这是每个人都有的东西和需求，于是就会引发关于"多少"的直接对比，触发他们的嫉妒、自卑等负面情绪，从而对你产生厌恶。

标签一定要能被记住，还得不断强化和展示。但人的心理又非常微妙，至于展示什么可以获得认同，增加影响力和机会，而展示什么会引起不适，惹来嫉妒和不满，我们可反复对照以上规则。

用赚钱的事支撑天花板更高的事

要不要做一些当前收入还不错，但没什么发展前景的工作？我经常收到这样的提问。

如果你拿着这个问题去问一个知识付费类的专家，10个里面有 9 个会反对，因为它不符合成功曲线——成功靠的永远是指数型、爆发式的增长。而一眼望到头的工作，往往是单纯地依靠出售劳动力赚钱，它能赚到的钱是线性的。如果只是出售相同的劳动力赚到相同的钱，就永远无法提高劳动交换报酬的比率。

所以我们当然应该做比影响力天花板更高的事，例如，李佳琦原本在线下做销售，他的影响力天花板就是这个商场的影响力——假如他在深圳的某商场做销售，你是不可能从北京专程跑去深圳捧场的。

但后来他在网络通过直播的方式销售，尽管一开始人气低，可能连在商场做销售都不如，毕竟商场还自带流量。但这件事的影响力天花板极高，它的理论上限是所有平台用户，甚至是所有能连上互联网的人，只有在这个领域内做事，才可能有大幅度的突破。

可如果一个人当前并没有一个能让自己安心做影响力天花板更高的事的经济来源，又非背靠金山银山，是否还必须坚定地选择做影响力天花板更高的事呢？这样考虑就欠缺一些理性。

影响力天花板更高的事，往往是两极分化的——赢家通吃一切，输家颗粒无收，且赢家极少，输家极多。所以尽管天花板更高，但做不好才是常态，你可以一直尝试做不同的影响力天花板更高的事，但心中一定要明白，或许你坚持尝试十几二十次，才有可能找到你的终身事业，而在此之前，你必须解决好你的生存问题，不然，你终究是无法一直坚持尝试这类前期近乎零回报的事，大概率等不到胜利的曙光。

所以当你还没能在某个影响力天花板更高的领域崭露头角，生存问题又解决得不够彻底的话，可以允许自己做那些线性收入更高的事。不要在意是否体面，也千万不要用几乎不存在的"上升空间"来麻痹自己——很多人不愿开早餐店或支个鸡蛋饼小摊，理由是没有上升空间，但他们却愿意日复一日地待在办公室里整理资料，欺骗自己有上升空间。其实根本不是上升空间的问题，就是觉得有些工作不够体面，以及嫌累而已。

如果你在当下选择了线性工作，就尽量去单位时间收入高、占用总时间少的地方，然后把省出来的时间都用来做那些前期没有回报，可一旦成功影响力就几乎没有上限的事情。

失败几次并不重要，业余时间可以继续换领域积累和践行，这样才有可能真正抓到其中的一次机会，彻底地脱离现有状态，上行到新的台阶。之所以要尽量多尝试，是因为你并不知道运气会在哪一次光顾。

赢就是影响力

一个人的影响力跟过程的关系不大，跟结果的关系很大。什么样的人说话最有人听？一定是赢家。

人天生就有一种追随赢家的心理，倒不一定是为了接近和讨好赢家，主要是赢家已经证明他们可以通过某种方式取得胜利，于是跟着他们做总比跟着尚未证明自己的人要强一些。尽管赢家的方法不一定能套在自己身上，但输家的道理更大概率没用，否则他们怎么还没成为赢家呢？

在小红书、抖音等媒体平台上，能以最快速度让更多人关注起来的是什么博主？不是讲道理的，不是科普的，也不是单纯分享好物的，而是炫富的。富在很多人眼里就代表成功，是一种最直接的结果刺激，能最快地引起人们关注。

佛祖在涅槃前，阿难尊者问了四件事，其中一件就是"您涅槃了，我们结集经典的时候，怎么才能让别人相信呢？"佛祖说，你每次讲的时候在开头加"如是我闻"四个字就行了，意思是"我从佛祖那里听来的"。

这是什么原理？权威效应。小时候老师鼓励我们写文章引经据典，道理也是一样的。成功人士说的、大智慧导师说的，跟你说的可信度肯定是不同的——有些人还喜欢把自己的主张套在一些虚拟的成功者上以增加可信度，尽管不诚实，但由于人们的追随赢家的心理，这些谎言确实能让他的主张更为可信。

在此我并非鼓励大家炫富，也不鼓励为了搏眼球而做一些"拼豪车""拼豪华下午茶"之类的事，更不赞成大家去晒一些并不属于自己的成果。不过我只是为了说明一个道理：想要扩大你的影响力，持续不断地赢、持续不断地成为人们心目中的成功者非常重要。

我在某个公开场合被问到读者和我的关系时，我说我的读者里有一部分是基于"共同的价值观"和"道理"和我站在一起，而另一部分是基于我取得的某些微小的"成绩"和我站在一起。

前者只要践行我讲述的价值观和方法论，取得不错的成果之后，就会几乎永远跟我站在一起，而后者会在我个人在某领域的影响力排名稍有下降的时候，转而跟其他在当下更有影响力的人站在一起——他们未必会践行你说的内容，他们就是单纯地想站在人更多的那边，这和某些女孩子永远只追当下最红、谈论人数最多的帅气男明星是一个道理。

在很多人眼里，赢就代表正确。你无须判定这种说法究竟有多大比例的成分正确，你只需明白，只要还有很大数量的人依然这么认为，那么你只要一直赢，就一定会获得越来越大的影响力。

团队管理也是如此。如果一个团队的成员认为自己的领导有人格魅力，愿意追随，那么他们追随的其实是什么？所谓的人格魅力又是什么？

团队成员自愿追随某个领袖，一定是他可以带领大家持续地走向胜利——一直能打胜仗的，就算脾气古怪也能接受，例如史蒂夫·乔布斯、埃隆·马斯克等。赢本身就是"跟着他们可以越来越好"的希望，跟着赢家有机会享受到团队整体的成就赋予其中每一位成员的光环；但如果不能持续地赢下去，出于对未来的焦虑，领袖的任何决定都容易被成员质疑。在这样的前提下，无论学了多少管理学知识，都是无法把团队凝聚起来的。

我们常说"言传不如身教"，其实可进一步说"身教不如结果"。

要如何强化你的标签和人设呢？你必须经常有意识地去得到那些能让其他人认为对你的标签有深度加成的"结果"，然后实时公开你的"结果"。人们在频繁看到这些"结果"之后，你无须多说，自然就在人们的心中不断巩固着你在这个标签下的影响力。

你有没有自己的通道优势？

想要持续不断地赢，光靠纯脑力和体力还是不行的，因为人与人之间尽管有着巨大的思维差距，还随着你对世界的接触增多，你的竞争者里必定会出现一些在纯脑力和体力上都不逊于你的人，这时候赢的关键在哪里？

不知道你有没有加入过那种极贵的社群、俱乐部或私董会？例如年会费十几万甚至几十万的团体。如果你加过几个，会发现它们有个共同点，那就是进入其中的人大多不是真的去学什么东西的，也不一定从心底里认可那里能教授些什么，而是去社交、去发现投资机会以及寻找合作伙伴的。

一个人想让更多人对自己产生依赖，除了必须具备思想和行为上的影响力外，还得有属于自己的"通道优势"。所谓通道优势，用一个形象的比喻就是一堆人在同一条赛道、同一个起跑点，比赛谁先到终点，大家买装备、练体能，各显神通，但你无须跟他们比速度，你走的是另一条赛道，仅迈一步就抵达了终点。

传统手艺人到了一定级别，技艺也就这样了。名师与非名师的区别，主要在势能和通道优势——拜在郭德纲的门下，你就有机会成为岳云鹏；拜在一个相声比郭德纲说得还好的老师门下，学了一身本领，却不一定有地方展示。这里将郭德纲换成赵本山，岳云鹏换成小沈阳也没问题。

如果你是职场里的领导，你希望自己是能服众的，那么就得拥有作为领导专有的通道优势。换言之，下属在工作能力范围内无论如何搞不定的事情，你出马就要能立刻搞定。这不是说你的工作能力、工作技巧或是智商就一定高过下属一大截，而是你有你自己的通道，比如跟谁打声招呼，打通了关键环节，事情就水到渠成了。这种通道远非"教会徒弟饿死师傅"的技巧可比，任何技巧都可以被赶上，但通道就是通道，通道是一个人独一无二的经历、独一无二的社会关系、独一无二的积累组成的独一无二的优势，它无法被其他人复制。

而要积累起自己的通道优势，一种是靠不断地在自身事业上精进，用越来越大的事业成就，交换到越来越稀缺的特殊通道。比如我需要做个活动，或许能够邀请到一些较为知名的作家到场，但如果是我的助理去对接对方的助理，就算我的助理非常机灵，谈话非常真诚，邀请非常有技巧，得到的回复也可能就是"很抱歉，没有空"或是"跟老师的时间有冲突呢"。

另一种是如果你还未能建立起这种交换特殊通道的行业地位，在短期内获得事业上的精进也不那么容易，而你想先有特殊通道，再慢慢用特殊通道加成自己的成就，也有个取巧的方法，跟第一章最后的"反复横跳"有些类似：先利用 A 平台的平台势能，努力用心做事，争取把通过平台势能自然流入的资源转化成自己的个人资源。然后带着你的个人资源到一个能用得上的 B 平台，降维打击 B 平台的选手，相对于他们你就拥有通道优势了。你在 B 平台所在的区域范围内，就能迅速积累起自己的影响力。

以上方法是我在几年前告诉一位读者的，一开始他在非工作时间帮某些客户处理一些非工作内容的法律问题，觉得很苦恼。我告诉他，这可是你积累影响力的好机会，公司的势能大，分给你的客户里一定有很多量级不错的优质客户，你正好趁机慢慢地将他转化成"认你"而不是"认公司"——这并非是建议你准备好背叛公司，而是在你和公司利益一致的时候，他们认你和公司都没差别，但你和公司是合作关系，未来发生任何事都无法预料，所以你必须提前利用公司这个大势能平台做好信任迁移。

前两年他告诉我，自从他开始慢慢地、有意识地积累自己的品牌和影响力之后，烦恼消失了，因为他不觉得自己是在替公司维系客户，并不觉得自己是在非工作时间加班，而是在完整地替自己做事。他的影响力越来越大，某些初次上门的大客户甚至向公司指明要他服务，再之后他离职，成了另一家律所的合伙人。

而这个新身份，将可预见地让他接触新的平台和资源，有机会建立起能应用到某个可降维打击的新去处的通道优势，这个游戏可以一直循环下去。

这里的重点就是降维打击，有些人拥有的经验和资源在这个领域可能不算什么，但到了其他领域，就成了不可多得的通道优势，所以不仅要攒对东西，还得用对地方。

把你的影响力复制出去

在提升影响力的过程中，必定会在某些时刻遇到瓶颈。所谓瓶颈，就是你稳定在了某个成就上一段时间，你的社交关系和业务也都处于相对稳定的时期，此时靠你的单体爆破已难以实现影响力的大幅增长。

如果你还想在这个基础上更进一步，希望靠影响力来驱动成就、突破瓶颈，而不是等着慢慢提升成就来扩大影响力，那就必须突破个体的触达限制。

就算你是家喻户晓的明星，也有很多人是不知道你的，而知道你的人里还有很多是不了解你的，且知道并了解你的人里有很多是不认同你的。

你想继续扩大你的影响力，就必须通过复制很多个"你"来实现。这很多个"你"，分别拥有不同的渠道和社会关系，有着自己能触达的人群，最重要的是，这些触达能同时进行。

那么如何更好地复制这么多个"你"？以下有两种更有效率的方式。

为师者效劳

把你身上有价值的东西传递给其他人，并教他们如何更好地传递给更多人，这叫成为师者之师。它的好处在于可复制，可扩展层级，因你而受惠的人由于知道了更好的传递方式，会因为这种传递而产生价值和机会，能够并且愿意再往下传。

每个人都有自己的圈层能触达的群体，在传递的过程中，大家势必会常常提到你，这种影响力的增加方式就比"单点爆破"要快很多。

为能者效劳

如果你服务的对象们本身就很厉害，那你的影响力也容易水涨船高。能者的人数相比于普通人虽然不会太多，但个体的能量却不小，如果能够复制能者版本的你，扩散起来也很可观。比如很多明星的御用摄影师或化妆师，只要明星觉得很满意，本身事业发展得不错，且认为"军功章"里也有你的一半，那么只要他愿意介绍你，甚至带着你上综艺等大众节目，那你立刻就会光环加身，影响力暴增，从而大幅提升行业地位。

以上两种都是突破个体影响力触达限制的方法，影响力达到极致的人，通常在影响力提升的过程中二者并举，例如"万圣之师"孔子这样的顶级影响者。他们影响力的极剧扩张，都是由于很多人能够在帮助传递他们价值的过程中受益，且这些人还知道如何传递价值；同时，他们的价值点又刚好契合那些地位极其尊崇的人的需求，无论是刚好匹配，还是他们刻意寻找这样的价值点输出，最后的结果都是大获成功。

他们复制出的传播者不仅有数量，还兼具质量，因此他们的影响力才穿透了千秋万代。尽管我们没必要做到这种程度，且基本上也做不到这种程度，但所有裂变影响力的方式都是相通的，他们能用，我们一样能用。

影响力只能乘风而起

影响力这种东西，看不见摸不着，很多时候，只有在有了数量级的差距时才能为人所感知，因此和任何的上行过程一样，人们容易在积累阶段就放弃。那么它什么时候才容易体现出积累的成效呢？

几乎在每一个新领域中，我们都能看到一些之前默默无闻的人，突然拥有了极大的影响力或者突然暴富的情况。这些人之前完全没有知名度，但因为及时踩对了某些点，于是就大幅突破现有状态，让人心生羡慕。

真的是这样吗？的确有这样的，但大部分情况下，仅仅是你不了解他们之前在做什么而已——在某个新领域或最初不太热门的领域还未发展到全民涌入的阶段时，不是人家没有在积累，也不是人家没有领域内的影响力，而是你作为局外人并没有关注到这些信息罢了。就像参加《中国好声音》节目的很多选手，他们打扮得就像初次登台的新人，看起来像因为节目而突然走红，但其实他们中的很多人在参加比赛前就已经在小范围内小有名气，并不是真正意义上的"普通人"。

想在一个风口处像他们一样踩对点，大幅突破现有状态，通常有两种情况：

一种靠的是巨大影响力的迁移，例如罗永浩去抖音做带货主播，利用自身拥有的高势能直接让抖音平台给予巨大的流量扶持，瞬间成为"头部主播"。但这是在本人已经在别处有巨大影响力的前提之下，对于本书绝大多数读者来说，并没有多大的参考价值。

另一种就是影响力是从 0 或几乎从 0 开始的，我们更想知道的肯定是这一种情况。在开始分析前先排个雷，当我们是纯"素人"的时候，我们想在某个风口期大幅突破现有状态，一定是无法通过追风口获得的，只有一条路，那就是提前布局、乘风而起。

当直播带货成为一种全民流行时，人人都想涌入其中分一杯羹，可谁又真正分到了呢？连绝大多数的明星都分不到，因为风口只能事后追认。

风口之所以被称为风口，就是由于已经进行过爆发式的增长，而此时若没有先发优势，仅仅是跟其他人一起涌入，又无法从其他地方把巨大的影响力迁移进来，那么想要在此时此刻从 0 打造出影响力几乎不可能。

直播带货领域的头部主播李佳琦和薇娅，他们是什么时候开始积累的？一定不是在直播带货的风口到来之后才开始的。那他们怎么知道风口会来？没人知道，他们只是在自己擅长的领域做自己擅长的事，然后静静等风来而已（甚至都不一定有刻意"等风"，就单纯一直做）——这个世上还有千千万万个主播并没有等到风口的到来，所以既要看眼光，又要看能力，还要看运气。

我们无法控制运气，但是选一个领域深扎进去等风来，当运气光顾的时候由于之前的先发优势可以乘风而起，就算什么都不做，也可以享受到市场容量的扩大、人群的涌入、机会的纷至沓来带来的红利膨胀，这肯定是正确的策略。

那么具体怎么做？

做更高效的事

所有的风口一定是改进了社会效率，或满足了某种尚未满足的需求，又或者兼而有之，很少有例外。如果你希望自己即将进行积累的领域有一天能成为风口，那就不能选择旧领域，以及很久以前已经成为过大风口、现如今早已沉寂的领域。

你所在的领域颠覆了什么旧模式？你做的事情又如何让价值传递更高效？这是你需要思考清楚的事情，如果这两个问题都有显而易见的答案，那就是正确的。

做年轻人更喜欢的事

年轻人喜欢的东西，更容易成为未来的风口和主流，因为世界的模式是按年轻人喜欢的样子来进化的，而不会以中老年人的负隅顽抗为转移，例如电子支付，就算中老年人再不习惯，也不可能因为他们不会用而回到现金为主的时代。

所以做年轻人更喜欢、更习惯的事，随着时间的推移，年轻人会渐渐成为消费力量的主流，届时你就有可能在这些服务成为主流前先占住一个风口赛道。

在选好的领域内做你更擅长的事

如果你不够擅长，就无法做到某个细分品类的第一，甚至连头部都很难。如果是这样，就算风口真的到了，你的受益总额也是有限的。因为在每一个领域当风来的时候，只有头部的那些才能享受到人群涌入后的红利，就像市场上有那么多的数字货币，哪怕真的有一天人们都想去买一点试试（仅为举例，非投资建议），他们中的绝大多数人还是只会选择比特币，因为其他的都没听过，学习成本也太高。这就是头部红利——不费成本，不费一兵一卒，就能在风口到来之时让自己的影响力和收益扩大百倍千倍。

在选好了领域之后，每个人可以有很多的分工，这里一定会有你擅长的事，你必须在这些事上努力做到头部，这样才算是真正的"等风来"。

如何让影响力的雪球滚起来？

在本章的开篇，我们已经把影响力的两个维度给拆解出来了，分别是广度与深度，对应影响他人的两种方式。

广度与深度，看似两种影响方式完全各异，其实也能互相转化，只需要一些桥梁。只要有了这些桥梁，就能让影响力的雪球在广度和深度之间不断滚动，并在滚动的过程中不断膨胀。

先看从广度转化为深度。

广度的关键词是触达——只要能够将信息通过某些方式传递给更多人就算完成任务，无论对方是否受信息影响做出某些特定行为。

接下来如果要更进一步，想让这些信息不仅能触达，还能占领接收者的心智，甚至转变接收者的价值观和思维，改变接收者的决策，让传递的每个信息都带来更多的价值，怎么办？此时信息的传递者就必须想办法让接收者完成至少一件事情，这件事情是能让接收者产生收益的，并且得盯着他们做完。

在 2021 年，我把我认为"有用"的事情挑了出来，组成了一个关于思考和践行的组合，于是就有了"上行部落"。部落里有极其严格的条款，任何人不完成或延迟完成任意一项，都将受到严厉的惩罚，严重的会被直接移出。这样做并非刁难里面的成员，而是我需要确保他们保质保量完成，这样他们才能真正体会到价值。

一个人只有真正因你而受益——是实实在在地受益，并非"感觉自己受益"——你的影响力才能穿透他，否则你提供的信息就只有广度，永远没有深度，更不用说进入广度和深度的滚雪球循环了。

再看从深度转化为广度。

有那么一些人，在广义上并不算出名，但在某个细分的小领域非常有影响力——只要他们说什么好，小范围内的人群立刻买；只要他们说什么不好，小范围内的人群不是换就是扔。这些人拥有的就是影响力的深度。

深度想要持续维持，或者由深变更深，就只有一条路径——几乎每一次影响他人的决策，都必须对他人形成正向效果，否则信任就容易瓦解。而这些细分小众领域的影响者是最承受不起信任崩塌的结果的，因为他们能影响的人数本来就不多，他们赖以生存的是深度，所以他们在每一次的价值提供上必须筛选再筛选，斟酌再斟酌——每一次正向效果都是对影响力的加持，但只需一次负面结果就容易导致影响力归零。

假如此时他们想拥有一些反脆弱性，希望能够在深度的基础上扩展一些广度，尽管刚扩展进来的人不一定能被影响得这么深，但至少可以备一些"潜在"的被影响者，该怎么做？

深度影响者身边最大的助力，就是深度认同者们。这些人曾经深度受益，就非常乐意将深度影响者的影响力传播出去，那么深度影响者就有两种方式可供选择。

一是让深度认同者做一件能够让他们的身边人受益的事情。

当身边人因深度认同者而实实在在受益，他们自然也就愿意相信深度认同者认同的深度影响者，这些人就能够最便捷地成为广度的组成部分。

二是让深度认同者转化为价值提供者，并因此获得现实收益。

我们在"把你的影响力复制出去"中说到过一个方法：为师者效劳。当深度认同者能够用深度影响者提供的价值来获得现实收益时，他们就会更加自动自发地将深度影响者的影响力往广度上延伸。

当深度影响者的广度储备有了之后，就可以回到第一个循环——从广度到深度，然后试着将这个系统像滚雪球一样一直这么自运行。而要保持这个系统一直都处于自运行状态，以上要做的事情就是桥梁，只要你不断地做着这些正确的事，这个系统就永远不会中断运行。

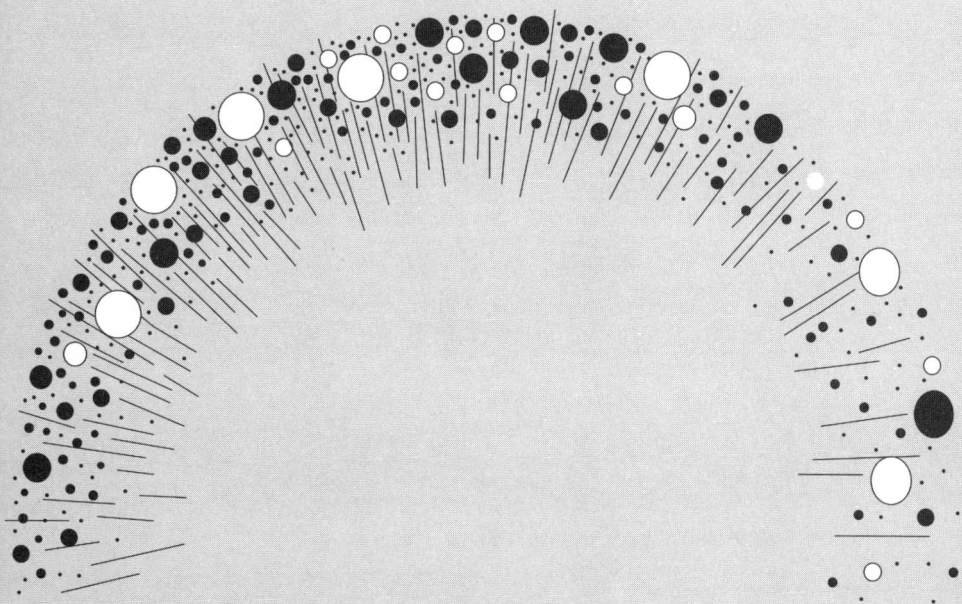

第六章

赚钱：

人人都能做好的事

上行清单：

1. 上行是综合能力的提升过程，"赚到钱"只是一个综合结果。

2. 人的欲望满足，最好以不降低资产等级为限。

3. 只要在耐心、耐力能够得上的范围内，墙越高的事，越该成为我们的选择。

4. 团队用更少的精力创造出了更多的社会价值，获得了更高回报时，只要你是其中任意不可替代的一环，身价就会水涨船高。

5. 你的服务对象最好是自身价值更高的群体。

6. 只要你带着生产者思维不断去付费体验那些"有可能跟你有关"的服务，就一定能找到自己能做的事。

7. 当你的本金还少的时候，你的每一分钱都应该尽量花出去，接触更广阔的创富思维，追求更强的创富能力，只要有机会，就要学习和尝试。

8. 当技能转化成钱的时候，它是有层级之分的。

9. 学到新技能后，最好立刻用来挣钱。

10. 挣新钱，不仅仅是为了提升挣钱的效率，更是努力让自己处在一个对适应未来更有利的环境之中。

11. 在合作中让利、让权，看似吃亏，实则是"顺便"拿别人的精力和智慧给自己创富。

12. 人们都应该想办法拥有一只又一只无须喂食的母鸡，而不是鸡蛋。

赚钱只是思维的投影之一

很多人以为，赚钱是要通晓某些特殊的门路，是要特别修行一种叫"赚钱"的技术，是一门独立的学问。

而这门学问是如此重要，所以只有极少一部分人能有幸掌握某些秘而不宣的方法，这极少一部分人就是社会的顶级精英以及他们的下一代。这些方法堪称"登龙术"，只代代相传，而普通人能见到的、听到的，全是"毒鸡汤"和骗人的把戏。

从概率上讲，大多数人的确是赚不到钱的，也难怪人们有此猜测。有人会疑惑，自己不正在赚钱吗？并不是的。所谓"赚到钱"，是要赚到比绝大多数人更多的钱——如果人人年薪百万，那么年入 50 万元也要被归到"没有赚到钱"的一类，因为那只能证明货币贬值了。所以若是按社会排名来计算，"赚到钱"永远都只发生在塔尖。

那"登龙术"是不是真的那么神秘呢？当然不是，世间万事万物都是思维的投影，赚钱也仅仅是其中一个罢了——你有什么样的价值观，你的思考方式是怎样的，你有哪些想法，决定了你是不是能赚到钱。而由于大部分人是赚不到钱的，所以你的思维一定要跟其他人有显著的不同。如果你在思维上得到了大部分人的认同，获得了社会安全感，那就只能成为庸者——无论最后大部分人是对还是错，都不重要。

因此一个人想要赚到钱，必须先进行思维蜕变，而在蜕变的过程中必定要经历一个无人理解、无人认同的过程。这个过程会驱使你寻找社会认同，而你则需要对抗这种对安全感的渴望。这是一个考验，也是破茧成蝶必须承受的痛苦。

这段痛苦期不是谁都能熬过的。当周围人都不认同的时候，谁都会产生自我怀疑——这条路到底对不对？我到底是不是如他们所说"走火入魔"了，或是"信了一些歪理邪说"？

本章的标题"人人都能做好的事"指的是人人都有决定开始改变思维的机会，人人都能通过改变思维变得"比别人会赚钱"，但由于它看不见、摸不着，导致大部分人并不相信这一点，所以无法完成蜕变。他们希望的永远是有人告诉他们具体做什么，然后只要一做完，就能拿到巨额收益——这种思维正是限制大部分人赚钱的原因。

我曾经独自走过很长一段时间的被质疑之路，朋友、同学、父母都不认同。但这很正常，当你处在试图上行的当口时，你即将在某些方面觉醒，即将抛离身边围绕的跟你当前的社会地位和思维模式相称的人，那么只要你做的事是真正正确的，对他们来说大多是不正确的；而他们想让你做的事，正确的概率不会太大。

我猜想很多读者购买这本书主要就是想阅读这一章和下一章，因为这两章教他们赚钱。如果是这样，我可以直接扩展这两章，做一本新书，并取名"亿万富豪教你如何赚到钱"或是"赚大钱的 100 种思维"，我想一定能够更畅销。

　　鉴于这种误解，我必须在本章的开头就提醒你，上行是个综合能力的提升过程，而"赚到钱"只是一个综合性的结果。如果前五章的内容你忽视了，比如搞砸了社交、不懂得展示自己、不会利用时间……那么这个结果就不会自动找上你。关于赚钱的思维掌握得再多，对综合能力不足的人来说，最后也注定是事倍功半。

消费的陷阱

　　有一部真人秀节目叫《隐姓亿万富翁》，讲的是美国的亿万富翁格伦·斯特恩斯（Glenn Stearns）隐藏身份，只带 100 美元、一辆破旧的皮卡和一部通讯录中没有联系人的手机，挑战用 90 天在一个陌生城市创立起一个 100 万美元公司的故事。

　　尽管这类片子的真实性存疑，我更愿意将其看成是一场真人秀，毕竟主人公再怎么隐藏身份，24 小时跟拍的两位摄影师始终扛着摄像机和收音杆。无论如何编故事，别人也会怀疑格伦是否是真正的穷人，从而对他另眼相看，给他特殊优待和帮助。但节目里的某些思维和做法还是很有借鉴意义，例如格伦最开始的那些行为。

　　格伦到了一个陌生的城市后，先是熟悉物价，他得先知道自己手里的 100 美元在最节俭的情况下可以应付多久，这样他就有一个"自己最多能忍受多久没有收入的日子"的预期。于是他先去超市了解当地物价行情，同时还在买杯面的时候顺便向老板借了洗手间刷牙。

紧接着就是"晚上睡哪里"，最便宜的旅馆需要 50 美元，看着手里的 100 美元，他决定冒着极端严寒的天气在车里睡上一晚。毕竟如果住旅馆，他连付第二晚的钱都没有，那就注定不是长久之计。

看到格伦的做法，再想想那些口口声声要赚大钱但又抱怨社会不公的人在做什么？有的人享受着顶级的美食、最新款的手机、最潮流的衣服、最大牌的包包，甚至贷款购买最酷炫的跑车，以及四处旅行。

一个人变富靠什么？机会、运气、能力、资产积累。你可能因为运气获得一大笔钱财；也可能通过能力提升，获得了某个机会，大幅增加自己的单位劳动时间回报；还可能通过投资或其他积累的方式让自己的资产慢慢提升一个阶层。

除了纯运气的天降钱财以外，财富都是生产资料，无论是投资（包括学习）还是劳动，手上财富越多就永远有更多赚取其他财富的机会。而消费则是在消耗这种生产资料，以及未来的机会。

我曾解读过一本书，叫《贫穷的本质》。书中提到一个小镇，那里的人每天早上都要借钱进货，当天卖完后还完本息，剩下的钱仅够生活，如果还有结余，就拿去喝茶——结余更多一点呢？多喝一杯。可想而知，他们的生活注定不会有什么改变，也就是永远贫穷下去。

如果他们每天可以少喝一杯茶，那第二天就可以少借点进货的钱，少付一点利息，于是第三天就可以借更少的钱……总有一天，他们会过上"每日的结余都能加在自有本金里，从而进更多货"的越来越富裕的生活。

但他们做不到，他们只会羡慕别人比自己多喝了一杯茶，而对"自己的赚钱系统有微小的改变"这件事感受非常迟钝。他们永远有要满足超越自身能力的欲望，于是就永远无法积累起资本，让它成为正循环的生产资料。

人的欲望当然要满足，但必须以不降低资产等级为限。

什么叫不降低资产等级？比如你手上有 10 万元钱，你可以做一项 10 万元级别的投资，如果你的"净赚钱速度"（扣除生活必要开支后的正现金流）是每个月 1 万元，那么你可以偶尔奢侈一把，哪怕将资产变成 9 万元，它基本不会影响到你的资产等级。因为你的信用等级在，你可以在很短的时间里让资产回到 10 万元或光依靠信用就能先补充到 10 万元，不至于把握不住突然出现的机会。

但如果你的资产因为纯消费从 10 万元变成了 5 万元甚至更低，这就降低了你的资产等级，它就不是你当下该满足的欲望，因为它将大大降低你的财富积累速度，还将大大降低你在这段时间里把握赚钱机会的能力。

过度消费影响最大的，并非这些钱本身，而是错失这些钱有可能带来的赚钱阶梯——有的赚钱机会只有在特定的阶梯上才能遇到，于是一步踏空步步踏空，直至错过整个循环。这就是过度消费带来的最大恶果，也是肉眼看不见的隐性恶果——可能会失去大量更好的未来。

对抗这种消费冲动的最好办法，就是强制储蓄。

有人用贷款买房的方式来强制储蓄，做法就是划拨自己每份收入的一部分到某个固定的投资账户，只不过目标是房产而已。你当然也可以选择其他的投资标的，只需将每月收入的一部分划入，然后进行适当的投资——一段时间后，你会发现其实你的生活水准也不会下降多少，但你可能会拥有一些下金蛋的鸡——只要你按照第七章的方法执行。

放弃多数人能走的路

我们在第一章就说过"要追上大部分人并不难"，还有后半句——只要别跟他们做一样的事。

很多年轻人都在抱怨竞争过于激烈，可真的如此吗？年轻人真的没的选吗？为什么一定要走那条大部分人都想走且都能走的路呢？

竞争只有两种，一种发生在门槛前，一种发生在门槛后。

发生在门槛前的，竞争就是抢门槛。谁抢到了门槛，越过了高墙，就能进去跟少数人一起享受一大片好东西；而发生在门槛后的，必定是千军万马过独木桥。

两者看起来差不多，其实有很大的不同。前者的竞争，往往是耐心与耐力的比拼，很多人并不愿意通过长时间的学习去掌握一项有门槛的技能，也无法长期坚持在一件当前看不到回报的事上，所以只要你能坚持，就能把大部分人甩开。

而后者则是有关性价比的竞争。由于人人都能迈入门槛，而这个世界上又永远有愿意比你付出更多，但回报需求更少的人，所以一定避免不了恶性竞争——在恶性竞争里，平均回报一定会被拉到最低水准，如果你不属于这群人，注定是无法满意的。

因此想要真正赚到钱，就一定要选择前者，用耐力、耐心、智慧，把那些只愿意付出短期劳动、立刻就要获得回报、看到跨入门槛需要掌握的东西有点多就放弃的竞争者隔离在高墙之外。

耐心、耐力有累积作用，如果两个人在进入高墙之前就已经有了差距，那么当初放弃的人过段时间再回来参与竞争，这段时间加大的差距会让他们更加沮丧。

只要在耐心、耐力能够得上的范围之内，墙越高的事情，越该成为我们的选择。

赚钱必须选对的四样东西

在赚钱这件事上，运气举足轻重。但赚钱又不仅仅依靠运气——假如在篮球赛场上，最后一球定生死，你有一定概率投进，乔丹也是；你也有一定概率投失，乔丹也一样。但球会交给谁呢？显然你们的概率是不同的。

我们阅读、学习、践行、思考、总结，积累经验，磨炼技艺，目的只是让进球的概率能稍微大一些。

在涉及"真正的技术"之前，我们先来看关于赚钱的四个选择，这四个选择若是对了，赚钱必定事半功倍。

选对领域

有句著名的俗语叫"男怕入错行"，这话的意思是，如果你在一个错误的行业，想出人头地就会难上许多。

为什么选对行业或领域这么重要？因为不同领域的赚钱效率是天差地别的。如果一个行业正处于资金不断聚拢的时期，那么不管在里面参与哪个环节几乎都能赚到钱；而如果一个行业正处于资金退散、效率趋于稳定甚至倒退的时期，那么无论你在里面做得多好，都很难赚到钱。

让我深有感触的是 2016 年，我作为一个公务员 + 商人（非经营性）+ 投资人，只在闲暇时间将自己在投资和做事过程中的经验总结，以及对世界的思考写在公众号上。没过几个月，就收到了好几家投资机构打来电话，估值最低的是 500 万人民币——当时我的公众号粉丝量连 10 万都不到。

选对领域，就意味着你能轻易拿到领域内溢出资金的红利。什么是溢出资金的红利？就是当人们非理性地涌入某一个能够提升社会效率的领域，使人才和资金在短时间内远大于该市场容量，使得每一个在此提供服务的人都能获得的超额收益——几乎不需要额外努力。

那什么样的领域才是对的领域？

从长远来看，各国法定货币增多且增速不断提升，是一个难以逆转的趋势，因此最对的领域就是"有效率的新钱"领域。

新创造出来的财富通常会自动流向最能改进社会效率的地方，这是必然趋势，国家、银行、资本……这些最早拿到新钱的，都会把钱扔在那些地方。首先这些地方能极大地提升社会效率，它们颠覆的往往不是一个行业，而是一种过时的生活方式；其次这些地方的后期想象力往往暂时看不到天花板，而这种极大的后期想象力则代表了回报的想象力。

只要身处新钱漫灌的领域，就总有一批年轻人，短时间内赚的钱一下子就超越了父母几十年的积累。他们不一定都特别厉害，更多的是那里的水太满——某个领域总共就一瓢水，而另一个领域则有一缸水，两人都是各自领域的第一，赚到的钱就可能相差几十倍。

这些新钱漫灌的领域往往很新，时间新、知识新，又暗藏了"硬改变"的技术或逻辑。例如区块链，就是"硬改变"的技术；而把用户从文字分流到直播和视频，是"硬改变"的逻辑。这些地方往往也没什么老人可以确定碾压新人的说法，一切都是未知之数，这样的地方，就是想快速上行的年轻人的首选。

选对老板

经常有人在社交媒体上问我这样的问题，说收到了几家 offer，或者本人现在正处于事业转型期，纠结该选哪家公司，选哪个老板。

其实在我看来，选择的标准非常简单。不是哪家公司更大，也不是哪家公司业务的想象力更大，更不是外界口碑更好，而是哪个老板赚钱更容易。

公司更大，很可能是个空壳；业务有想象力，兑现是个大问题；外界口碑更好，对员工不一定友好。这些都不能作为主要的筛选标准，真正的标准是老板赚钱的难易程度：老板赚钱越不容易，外面的竞争压力越大，那么公司氛围肯定更压抑，工作压力也更大。老板的生存压力过大，就会极其慎重地对待自己付出的每一分工资，对员工的回报价值的期待也会超乎寻常。

我有过这样的体会。当我的公司处于逆风期时，我会绞尽脑汁，想尽一切办法试图扭转局面，我当然希望每一名员工都能像我一样对待工作，所以我会以自己每天做多少事为标准去衡量员工，于是他们自然就显得不够努力了。我希望大家主动自发地多做一点，没准多做一点点就能扛过这个阶段，公司业务就能有好的转机；但当我的公司处于顺风期时，账户里躺着充裕的现金数字，还有源源不断的现金流入账，我不禁会想，这些数字里都凝结着他们的劳动，自然只看到他们做了多少事，而不会想着可以再多做点事。

所以，老板的精神压力和现金流状况非常重要。当然并不是说，这家公司看起来营收很高就一定好，营收很高，老板不一定赚钱。只有到老板手里的钱真正足够多，且公司业务有自己的优势，赚钱才会轻松容易。例如，一家公司在某个细分领域几乎垄断了大客户，那么至少公司氛围是好的。

除了氛围，机会也同样重要。如果老板赚钱都那么不容易，你还想在里面找到什么机会呢？你是一个普通人，需要更多机会来覆盖你，而不是去当救世主。就算未来你想在这里找机会创业，赚钱更容易的公司和老板，也更适合你研究、摸索、效仿——在一个拼了命也只够生存的老板身边，除了经常挨骂以外，往往还会一无所获。

当整个团队能用更少的精力创造出更多的社会价值，获得更高的回报时，你能成为其中一环，身价也会水涨船高。毕竟整体创造的价值大了，每一个不可缺少的环节的价值认定也会更大。

很多人看完《西游记》，以为取到真经都是孙悟空的功劳。这是不正确的，不是孙悟空决定了取经的胜利，而是唐僧给了孙悟空一个成佛的机会。唐僧是被钦点的取经人，他是注定要成功的，无论身边是什么人；而孙悟空只有选择唐僧作为合作者，才能真正体现出更高的价值。

所以在选择之前，有必要研究一下哪位老板赚钱更容易。

选对要做的事

在对的领域、对的老板那里，你也得做对的事。很多公司都需要前台和扫地阿姨，但无论今后它们发展成什么样子，只要你不是团队里不可或缺的一环，你肯定是没法赚到钱的（有没有前台，有没有专人清扫，都不影响业务）。

如果你做的事是跨行业同标准的，那么这个行业的发展就不会跟你有关系。

什么是跨行业同标准？就是无论在哪个行业，你现在做的事都是这么做的。如果是这样，你又创新不出新玩法，那你就选错了事。

所谓对的事，**首先是其他行业的人无法简单地跨行业直接把自己的经验迁移到你做的事上来**，这是你做这件事的壁垒。比如你做普通运营、做一件普通产品，无须具备任何垂直必需的经验，你又怎么可能赚到钱呢？因为跟你竞争的不是这个行业的人，是所有行业的人。你的可替代性太强，就意味着你的劳动价值会很容易被更多人用性价比冲淡。

所以你要选择需要本领域长时间的专业积累才能做好的事，或许你需要花一段时间才能上手，这并非坏事。因为你需要的时间越长，你的竞争者就越少，你的不可替代性就越强。

其次是你做的事必须能够突破时间和体力的限制。

你的力气再大，一次也就搬十几块砖；你再努力，一天的工作时间也有限。只要你在单位时间内产出的价值看不到指数级增长的希望，只要你无法复制多个分身在同一时间一起赚钱，你就没有办法赚到钱。

有些人今天服务一个人花这些时间，明天服务1万个人还是花这些时间，这样单位时间的产出价值才可以有指数级增长的希望；有些人明明"真身"在做这件事，但同一时间他的"分身"在其他地方也能创造财富，服务着别人，这就是复制，复制就可以突破劳动时间的限制。

第六章　赚钱：人人都能做好的事

想要比赛谁更努力，在这片土地上，你永远不会是最努力的那个。所以你只能在选择上多下功夫，当你搭上了一趟快车之后，你根本不会在乎下面的人跑得有多么努力。

最后是你做的事最好有助于你积累行业资源。

我在 2016—2017 年时，有了一些名气，就有一个经纪人找到我，她说会帮我接一些比较大牌的广告。她公司旗下有很多我这样的 KOL（关键意见领袖，Key Opinion Leader 简称 KOL），有些有上千万的粉丝。

那她是如何进入这一行，又如何获得这么多头部资源的呢？她原本是一家大公司里专门负责跟各类 KOL 接洽的商务经理，一来二去熟络了以后，就把这些人脉都积攒在自己手里。而这家公司的业务恰恰又是面向企业的，于是公司本身还拥有很多的大牌合作方。

KOL 们跟她混熟了之后，知道她在的那家公司，就会问她要某些大牌的商务联系方式。原本只是朋友之间的帮忙，却让她意外地通过公司的人脉认识了更多大牌的商务，而那些商务随时都有投广告的需求。鉴于市面上流量造假的公众号太多，公众号主的分布又太分散，品牌方就会经常让她根据自己想要的画像推荐一批优质的公众号，进行统一投放。

后来，她就离职专心做撮合生意了，年收入是原来的 100 多倍。你没看错，是 100 多倍。

是她能力特别强吗？或许在跟人交朋友的技能上比较强，但这样的人很多，有几个人能够赚到这么多钱呢？所以更重要的原

173

因，在于她利用更大的平台，做积累自身资源的事情。

一个人在工作之余，是很难花额外时间特别有心地去积累各种行业资源和人脉的，毕竟人的精力都有限，尤其是在本职工作还特别忙碌的情况下。所以只有你做的这件事本身就能接触这些优质资源的时候，你才有可能随时找到越级机会。

那些专门给富豪做访谈的，就有很多开辟了新业务；那些专门报道投资机构和创业项目优劣的，自身的创业项目就更容易拿到投资。这就是工作性质带来的资源红利，是工作推动你不停地跟这些资源打交道，是公司或机构的光环让你能够接触这些你原本根本够不到的资源，于是你就"顺便"获得了这些收入以外的最大财富——它们比收入的价值可大多了。

选对服务对象

你在为谁提供价值？这对赚钱来说非常重要。

如果你曾经卖过东西给其他人，不管是货物还是服务，你就会发现，当你为更有价值的对象提供服务时，你能获取的回报总是更大的。如果回报是相同的，你付出的成本总是更少的——时间成本、沟通成本、售后成本等，而他们的满意度往往也是更高的。

这是每一份钱在不同人心目中的主观价值不同所决定的。不同的主观价值决定了不同的回报预期，决定了主观满意度——解决同一个问题，在更有价值的人那里，就可以产生更大的价值，于是你在其中产生的价值自然就很大；解决同一个问题，更有价值的人觉得少点钱能获得这个解决方案非常值得，但自身价值不太高的人就总认为"这些钱对我来说已经不少，我得换回更多东西"（关于在更有价值的人的身上做价值增量来获得更大价值的逻辑，参考拙作《认知突围》）。

为更有价值的人解决问题的确能创造更大的价值，但他们真的愿意为此付更多的费用吗？假如你的商品和服务到处都有一模一样的，显然他们并不傻，不会为此付出更多费用，所以你必须提供有高附加值的非标商品和服务。

非标，就是非标准化，也就是独一份，没有可比性。

那些定制的东西为什么能贵上好几倍？定制真的让东西的价值增加了那么多吗？当然不是。尽管对钱更不在意的人不会为一模一样的东西付出更多费用，却喜欢为"提升一点点""特别一点点"付出远超性价比的费用。例如，一次标价 10 块钱的服务可以打 9 分，但只要你将服务质量和价值提升至 9.5 分，他们就愿意付 100 块钱，因为 10 块和 100 块对他们来说区别并不大。他们愿意付更高的费用享受更好的，他们担心的只是给 10 倍的钱也没有更好的，但 1 倍和 10 倍对你来说区别就极大。

所以你的服务对象最好是自身价值更高的群体。为他们提供非标服务时，你只需专注于提升服务的细节和品质。看似每次付出极大的努力都只是提升一点点，但此时每提升一点点都能获得不成比例增长的收益。那些在普通人看来没有性价比的东西，在另一些人看来却是性价比更高的，此时你的每一点改进才更有意义。

如何快速找到赚钱的门路？

鉴于我取得过微小的事业成功和投资成绩，很多人都在不同场合问过我"怎么赚钱"。他们大都觉得自己并非不想努力，只是苦于找不到努力的方向和门路。

这样的人在人群中占比多少？非常大。想出人头地是真的，愿意为了出人头地付出辛劳也是真的，但你会为了出人头地付出概率性的无用成本吗？不太会。所以很多人其实没那么想赚钱。

赚钱的门路并非想出来的，而是试出来的。每一个人都有自己独特的环境，有自己独特的本领，有自己独特的背景，"去哪里赚钱"也不存在一个放之四海而皆准的答案。举个例子，你让我去海外任何一个国家，做任何需要当地特殊牌照的生意，我就不行，但我有朋友就参与了很多类似的生意，每年都有不少分红；再举个例子，我能得到某些合作机会，是因为对方需要我的脑力、经验和流量，但对方不一定会邀请你。

每一个人都有自己独一无二的条件，需要量体裁衣，如果我说某条门路适合所有人，而这本书又卖了100万册，那么这个原本赚钱的地方也会立刻变得不再赚钱。只有你最了解你自己，你最知道自己的环境，靠你自己的智慧和不停地尝试，才有可能找到那件最适合你的事。

如果你觉得自己能做很多事，那该按照什么样的原则去挑选和尝试呢？在你觉得自己可以尝试的事情里，挑选你目之所及赚钱最快、最容易、最远的事，并立刻开始，挨个尝试。

以上提到了三个点：赚钱最快、赚钱最容易、最远。

赚钱最快、赚钱最容易，是让你能在最短的时间内得到一些鼓励性的回报，这样你就更容易深入。那最远是什么？尽管互联网让信息传播的效率较之过去提升了无数个等级，但依然是远远不够的。世界很大，越远的服务模式搬过来，以你为中心能扩散到的用户群体接触过的概率就越小，你就越容易成功——人人都没听过桃乐丝时，听听王菲的唱腔就很新奇；人人都没用过 Icq 时，用用 Oicq 就很有意思。

所以要选就选赚钱最快、赚钱最容易以及最远的。此时你无须考虑如何超越，你只需模仿，对方怎么做你就怎么做——当你进入一个陌生的地方时，这种婴儿式的学习方式，恰恰是最高效的。

很多人喜欢一上来就揪出别人的一堆问题，然后尝试在各个方面进行改进和超越，总觉得自己可以改变行业、改变领域的玩法，这是非常愚蠢的。在一个你不懂的地方，必定有你当前不能承受的坑，且绝对不止一个。别人不这么做大概率不是想不到，而是一种取舍，而你之所以认为那些都可以改进和超越，是你对这里了解不够深入，所以考虑不周而已。

因此在不违规的前提下，你只需将对方的模式全盘拷贝就可以了，如果真的要创新，最好不要超过一个点。

刚刚说的是你能找到很多自己能做的事，那如果目之所及并没有特别赚钱而你又能尝试操作的事儿呢？只有一个方法：去花钱。

只要你不停地花钱学习，带着生产者思维去花钱学习，去付费体验那些有可能跟你有关的服务，就一定能找到自己能做的事。

付费对一些人来说仅仅是付费，而对另一些人来说，意义完全不同。想要找到适合自己的赚钱方式，先要找到值得自己付费的事。如果一个人认为付费给别人是不值得的，那么他就一定找不到自己能收费的服务。道理很简单，换位思考后，他也找不到任何别人会付费的理由，自然就找不到自己的服务价值。

我在提供图书的解读服务之前，购买过一个类似的服务，因为我觉得这样读书很符合《精要主义》里的原则——信任对方的解读，将1个月的读书时间压缩成20分钟，然后用余下的时间做更重要的事，获得更多产出。

可现实是解读者的水平令我难以接受。如果我吸收的内容是被水平较差的人咀嚼过的，是不是代表我可能就吸收了很多错误的知识呢？而我显然可以替代其中的一环，那就是解读。于是替换了核心竞争力之后，其他全盘效仿就行了。

在这个过程中，如果我不尝试付费，那我如何找到新的服务模式？如果我打心底不认可这种服务的价值，我怎么会有信心为别人解读？

一个人只有先让别人赚到钱，才有可能让自己赚到钱，因为想赚钱的人必须亲眼看看别人是怎么赚钱的，取长补短。如果你听到"付费"两个字掉头就跑，那么显然就失去了学习如何更好地提供付费服务的机会。久而久之，你的思维会闭塞，灵感会枯竭，那种"看到别人的服务立刻就能联想到是否可以用熟悉的另一种商业模式进行融合改进"的脑袋，会离你越来越远。

互联网公司在招运营人才的时候，通常会有一个条件，叫"网感好"。什么是网感？很难定义。但只要一出口，一打字，你就知道对面这个人有没有网感，那是一种跟目标用户的思维和习惯的契合度。

我们以前一直见到各类媒体批判沉迷网络的年轻人，但如果你的赚钱模式在当下或未来离不开网络，你不曾沉迷，又怎能知道什么规则和模式能让其他人沉迷？

所有优秀的规则设计者，都是这个规则或类似规则的受益者或受害者。

我有个习惯，那就是不管花费了金钱还是注意力，第一时间不是关注内容，而是关注为什么对方能收费，它的不可替代性在哪里？为什么能吸引我，文案戳中我的点在哪里？这里的人需要的是什么，我又能在这里提供什么价值？

大多数时候都无功而返，但这是一种习惯，也是一种练习。我们可以在某些时候表现为消费者，但想赚钱，在任何时候、任何地点、任何环境之下，不管是否作为消费者，都必须把自己定义成潜在的生产者。

所以很多人问，我怎么找不到赚钱的方式？那是当然的，因为很多人本就没见过多少种赚钱的方式。

年入 10 万以下的策略

如果你目前年入 10 万元人民币以下（这里的年入 10 万指的是 2021 年本书出版时的收入水平，如未来收入普涨，就要同步上调到年入 20 万元、30 万元。如若真是如此，那本书就更能对你的财富增长起到关键作用），希望找到一些赚钱的方法，来提高收入，那么上一个小节，或许会对你有一点点启发。接下来我想让这个念头在你的脑袋里再深化一下。

年入 10 万元以下也可以分为很多档，在中国并不一定算差，10 万上下甚至能够到达全国收入的前 10%。只不过这样的年收入，财富的加速效应在你身上还很难体现出来。也就是如果你把吃穿用度除去之后的钱拿去购买投资产品，由于初始本金过小，收入过慢，至少在财富上是难以走入上行的快车道的。

当然就算如此，你还是要学习投资并尝试投资，这是我们下一章的主要内容。眼下你还有更重要的事，就是让自己变得"值钱"——这也是投资，只不过这个阶段最重要的投资对象，一定是你自己。你的思维、你的眼界、你的圈子、你的资源，这一切都远比其他投资收益重要得多。

财富增长有两种手段：手段一，出卖劳动；手段二，用财富增长财富。

如果你一直只能使用手段一，或被迫只能将手段一作为你最主要的财富增长方式，那你的财富增长速度是很难有突破性提升的。只有手段二的比例渐渐增加时，财富才有突飞猛进的可能性，当然手段二的比例增加不代表要放弃手段一，二者可以同时发挥作用。而最佳状态是对于手段二的收益来说，手段一的几乎可以忽略不计，此时你就进入到了一个新的阶段。

在我组建的"上行部落"里，有一位叫文文的深圳女孩，她在 2021 年 1 月 21 日下午在交流群里做了一次分享。她在过去的一年里，共挣了 1000 多万元，自己做生意的收入占 50%（创富能力已经很优秀），资产收益又帮她完成了剩余的一半——来自房产和基金。但她如何能用到手段二？还得在手段一的创富能力上先突飞猛进才有可能。

一个人在只能使用手段一的状态下徘徊越久，跟可以同时使用两种手段的人的差距就越大，因为钱和机会都有"复利"。如果一个人在 5 年后才能达到文文现在的状态，显然这 5 年的资产收益差距，是难以通过手段一来弥补的。

因此尽快摆脱"年入 10 万元以内"的状态，远比拿微薄的可投资资产进行增值重要得多——投资可以学，也必须学，拿 1 万元还是 2 万元出来投资并没有多大差别，反正都是以学为主，增值为辅，但多出来的 1 万元是否能用来投资自己，那就差别很大了。

此时一定会有读者疑惑：我本来就没钱，你还让我往外花？

是的。但这不是消费，你别忘记，这是投资，投资你这个人在未来的创富能力。

看图 9，这是一条标准的复利曲线：

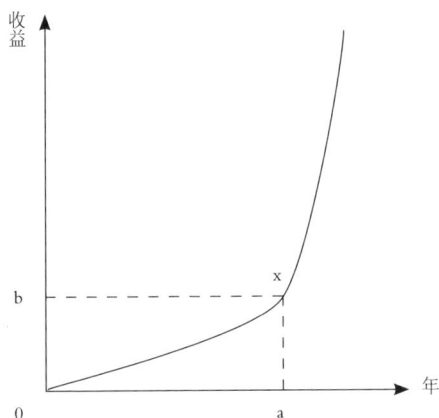

图 9　复利曲线图

在 x 点以后，这条曲线的斜率才有明显的变化，而在 x 点之前，由于本金太小或自身能力太弱，获得机会太少，就一直处于一个缓慢积累的阶段。你觉得这段 a 时间真的有必要吗？一直都有人说，复利曲线非常神奇，你只需要每月投入多少钱，多少年以后就有上千万元甚至上亿元资产。听听是很令人心动，但如果真的仔细计算，你会发现前期进展是非常缓慢的，到了后期由于本金大了，滚起来的绝对值才会快。

既然如此，为什么我们必须经历 a 阶段？整个 a 阶段耗时如此之久，一共才增长了 b 收益，我靠提升自己单位时间的价值产出能力，让自己变得更值钱，然后直接从 x 点开始不行吗？直接从复利曲线的后半段开始当然可以，而且这本就是最高效的方式。

很多人信奉积少成多。积少成多是正确的，但要知道什么时期的积累才最有性价比。你能见到的有钱人几乎都是突然有钱的，不管是做成了什么事，还是得到了难得的机会，绝不会是用很少的本金开始让雪球匀速滚大的。如果他们这么说，那一定是骗子。

每一个普通人都会有自己的创富天花板，越接近这个天花板，想靠劳动提升创富能力就越艰难。比如一个人年收入 10 万元，那么以普通人的智慧、努力、运气，就还有很大的创富空间，这时候投资在进步空间上就是很有价值的。但如果一个人已经年入 100 万元甚至更多，就已经接近普通人靠劳动创富的上限，这时候再投资在进步空间上，价值就有限了。本金体量上来之后，滚雪球的收益才会慢慢超越已很难再继续进步的劳动收益，两者之间是需要权衡的。

所以当你本金还少的时候，每一分钱都应该尽量花出去，接触更广阔的创富思维，追求更强的创富能力，只要有机会就要学习和尝试。

这里的机会指的不仅仅是你当前工作上的机会，还包括所有能让你打开更大视角、拥有比现在更好可能性的机会，哪怕只是一丁点儿也不能放过。例如一个投资机会，一个学习机会，一个考察机会，一个跟成功人士交谈的机会，一个在重要场合露脸的机会，一个参与项目决策的机会，一个副业的机会，一个为别人提供服务建立口碑的机会，一个复制赚钱模式的机会……都不要错过。

只要有回来更多或开阔思维或提升单位时间赚钱效率可能性的，大都值得花下去。你完全不需要关心哪一分钱有了回报，哪一分钱还未回报，你只需关注宏观，只要在一处获得了大的回报，就有机会摆脱只能选择手段一的状态。而这又往往涉及运气，也就是说某些你认为希望很大的事可能最后没有回报，而你认为希望不大的事倒有可能收到回报。所以某些时候绝对不能为希望很大却没收到回报的状况动摇，要不停地"播种"。只要思维同步跟上，一次收益往往就能改变一生。

在此，只对年入 10 万元以下的人群进行策略建议，因为这是上行中最需要帮助的人群。如果某些读者已处于需要保住钱的阶段，可自行在公众号"请辩"后台回复"财富"，查看《中产的破局之道》和《中产以上如何安然退休》。

如何拓展自己的赚钱技能？

在寻找赚钱机会的过程中，我们一定会看到很多有财富效应的事，但自身条件不具备，只能作罢。于是很多人就想到在平时积累一点有用的赚钱技能，万一机会突然降临，就不必只能远观。

然而技能如此之多，又不知道未来会发生什么，以及什么样的机会会落在我们头上，那么什么样的技能才更有价值呢？毕竟我们的时间和精力有限，任何人都不能看到什么就学什么。

我在这里给出 5 点学习原则，某些技能或许在不同的原则里有冲突，这都不重要，至少符合其中一项就值得我们考虑，当然符合越多点就越值得立刻学习。

按需原则

　　无须主动寻找技能，也无须听别人的介绍，看看你的工作和生活，看看你想做的副业，看看你羡慕的、试图模仿的、摩拳擦掌准备行动的赚钱模式，缺什么就去补什么。

　　技能和知识一样，在我们遇到缺口之前，都很难发现自己缺什么，很难发现自己需要什么。如果现在有人问你"你缺什么技能"，估计你会一头雾水，你只能说出自己拥有什么，但说不出缺什么，因为每个人缺的东西都太多了，而只有当你要应用的时候，才会意识到自己缺少它。

　　本着实用的原则，如果你发现做某件事前需要先了解或拥有什么，你就优先学习掌握它，不需要多么精通，只需花少量的时间学习，能够完成自己想做的事即可。由于要完成一件事通常需要很多细碎的小技能，只要你没有养成看到事情缺一环而暂时无法完成就放弃的坏习惯，就能不知不觉间掌握很多技能。

最短时间原则

　　假如有个技能是你可以立刻掌握，无须花费太多时间的，我建议你马上学会它。

这样的技能可能是你现在需要的，也可能不是你现在就能用到的，但因为学习成本很低，对于抓住未来的机会也可能有一定的帮助，那就先备上。

很多人以为机会降临的时候一定是需要某个完整的、掌握得很好的技能去匹配，其实完全不是这样。抓住机会大都需要组合技能，缺一不可，所以很有可能你掌握的技能虽不是开启机会需要的主技能，也无须精通，但必须作为主技能的辅助而存在。

因此在超低成本的前提下，"不知道有没有用"的技能越多越好。比如我自学了钢琴，尽管我的指法和手型都不太好，但都不重要，我既不考级也无意成为大师，只要能即兴弹点小曲就可以了。在某些社交场合下发现有架钢琴，能让大家把目光和话题聚到你身上，或对现场的气氛起到一定的烘托作用，这个技能就完成了它的使命。

同理，我花半个小时看视频学会了速拧三阶魔方。为什么不学呢？尽管它不属于什么赚钱技能，但有时候就能用上，比如当你的某个大客户的孩子无法还原它的时候。

通用原则

有一些技能就是比另一些技能的应用场景多，有一些技能跟其他技能的组合率就是会比另一些技能高，这是正常的。所以在其他原则的符合程度都差别不大的前提下，我们当然该优先掌握那些应用场景更多和组合率更高的通用技能。

比如当众发言这样的能力，在很多领域就会决定你的影响力能否更进一步；比如语言艺术、沟通技巧这种东西，就会在方方面面影响到你的成就上限；比如逻辑这样的思考工具，会严重影响你的所有决策。

这些技能是不是跟你心目中的技能不太一样？在大众心目中，只有 PhotoShop、说英语、Python 等"硬技能"才算技能，或许连写作都算不上"硬技能"，毕竟很多人并不觉得写作是个需要专门学习的技能。

通用技能之所以通用，恰恰是"软属性"居多。对于软技能，人人都不会是零基础，多少会一点，所以更容易被忽视，但其实这些才是真正需要精进的，因为任何场合都是它们的应用场景，任何事的结果跟它们组合得好坏有关。

它们都在哪里？在你每次跟别人对比时，发现硬技能差不多最后却都失败的总结里；在你每次想更进一步，却发现自己"又是这方面不行"的现场感受里；在你的决策总是没有获得足够满意结果后的自我反思里。

离钱近原则

当技能转化成钱的时候，它是有层级的。举个例子，你是一个育儿博主，你觉得家长会为学习育儿方法花多少钱？预算一定是很低的。

因为把孩子教好，再到孩子成才，再到赚钱，中间有很长的链条，每一个环节都有不确定性。把孩子教好不一定就能成才，成才不一定就能赚多少钱，这就是链条传递的损耗。除此之外，还得自己足够努力学习，付出足够多的辛劳，显然这样的性价比就很低。

但如果你是一个房产博主，大家只要跟着你去看房买房，就能选到升值空间特别大的房子，你觉得大家愿意花多少钱？肯定是极多的。因为看对了房直接就能拿到收益或避免损失，而且涉及金额很大，还不需要付出长期的辛苦努力。同理，受欢迎的还有其他指导投资类的博主。

这些人未必能带着其他人赚大钱，但人们就是愿意在他们身上花钱，因为他们跟钱之间的距离最短。人们只需信任他们，而无须承担链条传递中的损耗。

有个组织叫华尔街赌场（Wall Street Bets，简称 WSB），其实就是红迪网（Reddit）上的一个群组，里面聚合了大量风险偏好较高的散户。在 2021 年初，发生了多起由这些散户聚集起来"狙击"某些标的，不断推高各类投资品价格的事。如果你恰好是 WSB 群组里的某个意见领袖，你在里面比其他人更懂投资，而不是在某些育儿群组里比其他人更懂育儿，那么显然你在跟大家分享看好的某个标的时，群体的力量会将其价格推高。而由于你进入最早，因此获益也就最多（你只需正常分享自己确实看好的标的，而非刻意让其他人接盘）。以上并非假设，一些 WSB 的意见领袖靠这种方式赚到了几千万美元，而如果你想在别的领域用"出售知识"的方式赚到这些钱，几乎不可能。

　　所以在其他条件均等的前提下，选择打磨赚钱链条最短的技能，积累在该领域中的影响力，肯定是不会错的。

相关性原则

　　如果你并不想多一门副业或在其他职业方向上进行探索，只想在本领域和本职内进行扩展，那么你更应该关心的是跟你配合度最紧密的同事，仔细观察他们拥有哪些技能。

　　比如跟产品配合最紧密的，既有后端和前端的开发，也有算法工程师、运营、UI设计等技能，如果这些技能你都会，本身又有某个产品顶层设计的能力，那么你就具备了一个高薪产品经理的潜能。因为你在顶层设计时能够优先用其他思维排除很多不切实际的规划，同时你又懂其他所有跟你配合的同事的语言，能够极大地降低工作配合中的信息摩擦。

　　再比如你是一个短视频运营人员，你最该掌握的是什么技能？当然不会是类似python这样跟你不太沾边的技能，而是根据你自己的需求来定，比如剪辑、拍摄、写脚本、分镜技术、表演等都是需要你去精心研究和掌握的。任何一家公司要组建短视频团队时，无论前期缺少哪一个角色，你都能顶上，那么你自然就会优先成为负责人。

　　所以多关注跟你配合最紧密的同事，跟其中一些成为好友，然后多找机会向他们请教，学习他们的职场技能，这才是真正的职场高手。

当你找到了符合这 5 点原则中一点或几点技能，并初步掌握的时候，还有一件事要记住，那就是尽一切努力立刻承接相关的工作任务，并将其应用到实际工作之中，或尽量在当下就花时间搜索相关资料，找出一种适合自己的服务方式，立即用它来为其他人提供服务。

初期技能变现的钱通常并不多，虽然这并不意味着我们迫切需要挣这笔钱，但这种变现的意义都远大于它能变现的钱。

首先，只有用它来挣钱，你才能真正巩固它。

我曾经花时间自学过 PhotoShop，但由于长期不练习，早已忘得一干二净；我小时候也跟着音乐老师学过钢琴，但当我 20 多年后开始自学时，就像一个新的学习者。

只有我们每天都用它来输出价值，我们对它的熟练程度才会越来越高，它也才会真正属于你。

其次，别人愿意买单，是"适合继续下去"的最好证明。

如果你的服务无人问津，那就说明要么它在当前还没什么价值，要么你还没找到应用它的角度，要么它就是不适合你。为自己的服务找到买单的人这件事非常重要，哪怕客户群体再少，也说明它是有需求的，是继续下去的极大动力。反之，你永远无法区分是自己做得还不够，还是它根本就不能拿来赚钱，也就是说它的应用可能是个伪需求。

最后，从小钱向大钱的口子，一定是慢慢撕开的。

如果一项技能不能用来挣小钱，几乎不太可能一下子就能挣上大钱，因为每一个领域都只有深入进去，才能发现机会。如果你希望有一天某个技能可以帮上大忙，甚至变成你的副业，改变你的人生轨迹，那就一定得在它被你掌握之后（无论是否熟练），立刻找到一个切入点，用它来为其他人提供服务——千万不要等到自认为"很厉害了"才开始，这样你就永远无法开始，因为仅靠学习理论，你永远无法变得"很厉害"。

增加理论经验，远不如在实践中完善，而赚到钱的实践恰恰是更有意义的实践——这种直接、即时的反馈才是真正有所助益的。

为什么你必须赚新钱？

无论你是否承认，除去之前就有积累的、可以用资产作为主要的财富增值手段的以外，以普通劳动报酬计算，平均而言，年纪越大的人群整体报酬越低。

老人相对于年轻人拥有更丰富的工作经验，在自己的领域内或许还有更高超的工作技能，但作用似乎并没有那么大，因为年轻人赚的是新钱。

所谓新钱，指的是新创造出来的财富。纵观历史，只要个人或团体拥有创造货币的能力，就一定会创造，区别只是是否克制而已。

创造新的货币，会使每个人手中的货币购买力减少，让商品和服务的整体价格提升。这样你家里的货币就等同于被挖走了一块，但如果你同时在为其他人提供产品和服务，其他条件不变的前提下，你单位时间赚取的货币数量就会增加。

可这种增加并非对所有人都有同样的效果，它就像涟漪，有着自己的层级。涟漪最中心的位置，是最先拿到新货币的机构或组织，比如一个国家在政策上要扶持什么，就会把新货币投放在那里，然后新货币就会以它为圆心向外扩散至全社会。相对而言，谁是圆心、谁离圆心近，谁拿到的新货币就多；而谁离圆心远，能分到的新货币就少。

同时，社会上还有一些像黑洞一样的领域，那是极大提升社会效率的行业，比如互联网之于实体交互、金融科技之于传统金融、新媒体之于传统媒体等。但凡出现一些大的效率改进或社会变革，所有"聪明货币"（由聪明人管理的货币）都会被吸过去，毕竟钱会自动长脚去寻找更高的回报。

如果你刚好在政策扶持的领域提供服务，那就是运气好，能拿到新的货币红利——这些地方的员工往往收入更高一些，老板也更慷慨一些。但如果不是，那么主动进入黑洞领域去贡献自己的价值是一个不错的选择，这样被"黑洞"吸过来的新货币才能更快地波及你。挣新钱，还不仅仅是为了提升挣钱的效率，更是努力让自己处在一个对适应未来更有利的环境。1970年以前出生的人是很难在互联网上挣钱的，因为他们的成长环境不在那里，他们很晚才用上智能手机，很晚才会使用微信、淘宝，更不用说使用打车、叫外卖软件了。所以当新的平台革命来临，甚至可能只是出现一种基于互联网的生活方式，他们跟上的步伐必定是不够快的，因为他们的学习成本会因

"一步慢、步步慢"而变得越来越高。

1980 年以后出生的人则完全不同。对他们来说，互联网就像水和空气一样自然，所以在基于互联网的新领域里，他们的学习成本更低，也更容易赚到新钱。但同样的，如果他们不尝试在更新的领域赚钱，他们对新产品和新模式的理解就不会深。每一次放弃参与，下一次的学习成本就会提升一些，导致再下一次就更不可能参与。

在我身上有两个完全相反的案例。

第一个案例是短视频创作。我正式开始创作短视频是短视频风靡很久以后的事情了，其实我是抖音等短视频平台最早一批的使用者，但由于视频跟文字是完全不同的表现形式，出于不想花过多精力补齐知识和技能漏洞的惰性，就错过了最好的试错和积累时机，以致后期基于短视频的所有衍生模式都难以参与其中。

第二个案例是关于公司业务的。我的其中一家公司一直在某个新领域深耕，尽管此前一直亏损，但我始终相信它做的是有前景的事，于是这么多年来始终保持对最新技术、最新模式、最前沿知识的探索和尝试，这些最终融合在一起形成了一定的知识和技术技能。2021 年刚好遇到了一件只有我们能做的事，公司也因此一鸣惊人。其他公司难道没看到这个机会吗？看到的人很多，但没有前期不停地试错，没有前期在行业技术各个方向上的积累，想抓住机会是不可能的。这就是始终保持赚新钱的另一个意义——当更新的机会来临时，你的学习成本最小，对机会的嗅觉更敏锐，启动速度也更快。

什么时候你可以选择单干？

2017 年，我做了一个决定，放弃很多人眼里稳定高薪的公务员工作，辞职创业。

宁波的公务员收入在全国公务员收入排行中位居前列，算上公积金和各类奖金，每年在 30 万元人民币以上。无论是横向还是纵向对比，都能排在头部，而且比其他类型的头部职业稳定得多。

看到这里或许有人会为我惋惜，毕竟世事变幻无常，若是有朝一日后悔，再想进入体制已然不可能。当然，也一定会有人为我喝彩，觉得我很有魄力。

但其实这些都没有必要，因为我已经在离职前将后悔的风险压缩到了最低。如果你了解我为离职铺垫的一切，你会发现这个决定也没那么有魄力——我先给自己打造了足够多的安全垫，或许这不像传奇人物的决策那样有故事性，却是普通人最应该复制的理性行为——尤其是当需要放弃一份当初几百人录取一人的工作时。

很多成功学导师教我们要拼，要放弃安稳，要尽量去做收入无上限的事。当然，最成功的那些人几乎都是这样的，否则他们就到不了那个位置，但他们的成功并非纯粹的实力超群使然，他们很大一部分是被命运选中。如果你跟他们实力相当，也做了同样的选择，你极有可能比当前的安稳状态更差——我们不能总盯着成功者，而忽视了同样的人做了同样的选择最后更加落魄，这些才是"沉默的大多数"，因为他们不在聚光灯下，你看不到他们庞大的基数。

所以如果你想单干，一定不能拍脑袋做决定。很多年轻人会因"心里不舒服""想体验创业""世界很大，想去看看"等理由辞职，而辞职之前甚至都没有准备好"过冬"的余粮，或者为单干做过任何准备。

被情绪牵着走，几乎已经注定了失败。单干是有前提的，一个人要放弃一份安稳而优越的工作，转而追求天花板更高但不确定性更大的收益，最好满足以下三个条件：

第一，在单干之前，你已经通过这件事持续获得了不错的收益。

单干的不确定性会在什么情况下被压缩到最大限度？就是你将它当成副业，在闲暇时间持续赚到了超过你当前主业的收入。

尽管宁波的公务员收入处于城市中上或上端区间，但我业余时间的收入已经远超公务员收入，直到对薪水到账都不再有期待感，这就是一个转型信号。这里有两个重点，一是超过主业，二是持续收入。你不能把偶尔拿到的一笔集中收益跟主业的常态稳定收益相比，收益要先稳定，才能够被确认。

很多人仅凭想象就觉得"某件事可能很赚钱"，甚至看到自己的老板做某件事貌似很赚钱，就辞职单干。这些人大都结局比较惨，因为在没深度参与之前，你永远不知道一件事的内部结构有多复杂。

只有当你已经尝试了一段时间，且持续的收入让你基本确定在转型之后，至少在较长的一段时间里不会比现在差，才能开始考虑。

第二，单干之后，多出来的时间更有价值。

有人认为只要单干收入大于过往的主业收入即可选择单干，就能够不必忍受当前不那么喜欢的环境。

不，还不够。当你确认单干后的收入大于主业收入时，只是出现了符合单干的一个条件，不一定就是最优解。比如你现在同时拥有副业和主业两份收入，尽管副业已超主业，但两份始终大于一份。

单干是为了让时间更有性价比。在由于要顾及主业，导致业余时间的收入减少，且减少的比例大于主业报酬的前提之下，我们才可以说选择单干是为了让时间更有性价比，而不是逃避一份工作，或者逃避一种心情。

而有些人的业余时间收入天花板明显——每天花 4 个小时能挣 300 元，但就算花上 8 个小时，最多也就 350 元。此时放弃主业就是不理智的，因为多出来的时间并未产生更大的价值，而是纯粹让一份原本更高的时间价值化为了乌有（只计算收入维度）。

第三，单干之后，能用最小团队搭出最小盈利模型。

想要尽量消除单干的风险，最好做到两件事：

一是你可以真正单干，也就是你一个人就能完成所有事。如果要雇人，大都不是自己做不了，而是为了收益更大。二是要做的事有一个必然能赚钱的最小模型。如果你前期不赚钱，只能是自己的主动选择，而不是只能接受不赚钱。

如果能同时满足以上两点，那么单干几乎就是一个相对稳妥的选择了。这时候你选择单干，在外人看来或许很有魄力，但你自己清楚，其实你根本就没有冒险，那只是一个水到渠成的选项。

多年以后，很多人以为你赌对了，但真实的情况是这里并没有什么运气成分。

用别人的精力帮你赚钱

尽管要有自己就是一支队伍的准备，但光靠自己赚钱肯定是更为低效的。这不是说每个人都必须自己当老板、非得雇人才行，恰恰相反，你可以仔细看看刚刚列出的单干条件，其实自己负责全部的财务状况这件事是非常困难的，可以说大部分人都不适合。单干对大部分人来说，只会让自己的财务状况更差，多数人都只适合在别人负责全部财务状况的前提下成为其中一环。

那什么叫用别人的精力帮我们赚钱呢？

你觉得在什么样的情况下，才会有人拼命干活？必然是他在为自己干活的时候。那他为自己干活和我们又有什么关系呢？所以我们就必须努力让合作进入一种"他干的活里绝大部分是给他自己的，少部分才是给我们的"的局面。

我们知道大公司大都有"大公司病"，决策效率低、官僚做派严重、人浮于事、热衷于做表面功夫……可是我发现有一些大公司没有或近乎没有这种情况，它们是怎么做到的？

它们往往是把大公司分解成一个个小组织，每个组织给予一定的自主权，也共享一定的激励收益。大公司本身有着不可替代的资源和品牌优势，这么一来就等同于每个组织都可以背靠品牌和资源，跟其他团队和个体进行自主合作以及分享利润，而不再是绝对从属和集中管理关系。

大公司如此，个体也是同样道理。如果你希望更快地扩展你的收益，那就得尽量跟更多人合作。在每一份合作中，如果你希望合作者会为了你们共同的利益而拼命奋斗，就必须让对方为自己的利益而战——如果有一份合作是你必须付出大部分精力的，那么哪怕你可以拿到大部分收益，也无法再分神进行另一项同等级别的合作。

在合作中让利、让权，看似吃亏，实则是拿别人的精力和智慧来给自己创富，让对方为了 80% 的收益而付出 100% 的努力，而你则可以依靠同时能够驾驭的合作数量获得总胜利。

当然，能这么合作的前提也和大公司一样，你拥有某些不可替代的价值，这种价值可以是背书，可以是影响力，也可以是资源，总之找你合作是对方利益最大化的最优解，而这种价值只需用到你前期的积累，而无须你在后期持续地通过劳动产出——前者可复用、叠加，后者则不可以。有了它作为利润分享的基础，加上好的合作框架和优秀的合作方，才能在很大程度上避免被提供更多劳动价值的合作方抛弃。

那些总想着自己拿走大部分利润的，通常精力就只能顾到一件事，事情一多，就样样都做不好。道理很简单，如果大部分利润都是你的，别人又凭什么做项目的"精神大股东"呢？尤其是起步期，如果没有人全力以赴，那失败的概率就会大很多，而你又怎么可能同时在很多事上花大精力呢？必然会处处失败。

有些地方看似占便宜，实则绑住了自己的创富步子；有些地方看似吃亏，实则是在薅对方的羊毛，一切都在于你用多大的视角和格局去看待。

你的员工应该是个系统

关于如何让钱生钱的问题，我们将在下一章集中探讨，本章的最后，我希望每个人都可以树立"让不同种类的系统为我们工作"的观念。

我在很多年前的一次线下分享会中，讲过这样的一个故事。

有两兄弟，住在一个缺水的村庄里。

哥哥每天要去很远的地方来回挑水很多趟，一部分自用，另一部分卖给村里人，日子过得还凑合；弟弟就不同了，每天除了挑水自用以外，剩下的时间不知道在干什么，日子过得紧巴巴的。

村里人都觉得哥哥比弟弟勤快，直到有一天，弟弟突然不需要再去挑水，就有源源不断的水可卖。原来弟弟将剩下的时间都用来挖渠了，渠挖通了，水就会 24 小时免费为弟弟工作，给他带来源源不断的收益。

但这还不是重点，重点是弟弟依然没闲着。由于第一条渠已经能自动供水了，不必为生活发愁的他开始打造第二个"自动化赚钱系统"，且这次他不必再拿出一半的时间挑水自用，所以打造出第二个自动赚钱系统的时间更短。循环往复，最终坐拥越来越多下金蛋的母鸡。

哥哥并不比弟弟懒，但哥哥模式和弟弟模式在最后的结果上却有着天壤之别。这个社会的运转模式，并不是如有些人想象中的光腿脚勤快就能收到更高的回报。哥哥赚的是踏实钱，弟弟赚的也是踏实钱，区别只是思维罢了。有能力的人总能将各种单一的元素整合成整体的系统，然后让它们成为自己的"员工"。

这就是财富的大秘密。任何涉及赚钱的行动，最终都必须围绕以上思维来进行，否则就没法真正赚到钱。

如果你曾经创业，且雇过几十人以上，你就会立刻意识到这一点——如何解放自己的精力？唯有让所有部门都自动运行起来，否则就算你整天都在忙管理，也无济于事。有多家公司也是如此，只要有一家公司无法独立自运行，你就根本不可能做好它们。而自运行最重要的条件是什么？是机制、规则。

如果你期待最优秀的元素凑在一起就能自动做好事，那你肯定没有真正组建过系统。系统的目标是分配和协调，不仅分配任务，还分配利益；不仅协调系统最大输出，还协调处理系统矛盾。当系统搭建者找到了系统各元素都认可的规则，且规则中的胜利和系统的整体目标一致，一个自运行的系统才算搭建完成。

我在创业的前几年管理了三家公司，几乎每一项业务的每一个细节都亲力亲为。尽管有些产品在小众用户里口碑不错，但这对于创业来说几乎是没有用的，因为当你在大局竞争上落后于对手时，这些小众用户坚持不了多久就会舍你而去，跟"就算你再喜欢 QQ，如果所有的联系人都用了微信，你也只能用微信"是一个道理，最终算是全面失败。

在之后的几年里，我花费了很多精力去整理几家公司的架构，决定只专注一项业务，其他该给合伙人的给合伙人，该放弃的放弃，最终神奇的事情发生了，在一项业务自运行后我顺理成章地开启了下一项，然后出现了当时没能实现的场景——先做减法，让减剩下的自运行后，再慢慢做加法，居然实现了多个系统良好并行为我工作的目标。

原理是相通的，接下来我用同样的方式整理了我的资产，让它们一个接一个地成为 24 小时正现金流的赚钱系统。当然我的"员工"还包括每一本畅销书持续不断的版税和影响力收益，能够自运行持续不断获得平台流量的电商业务，作为各家公司股东带来的分红收益，等等。

这些都是需要先做减法，再做加法，是一个接着一个慢慢打造出来的自运行系统，因为只有先出现了几乎不需要我的任何劳动介入的系统，才能让我安心投入下一个系统的打造之中。

　　我还在继续劳动，但我基本只会为打造新系统而劳动。人们都应该想办法拥有一只又一只无须喂食的母鸡，而不是鸡蛋。

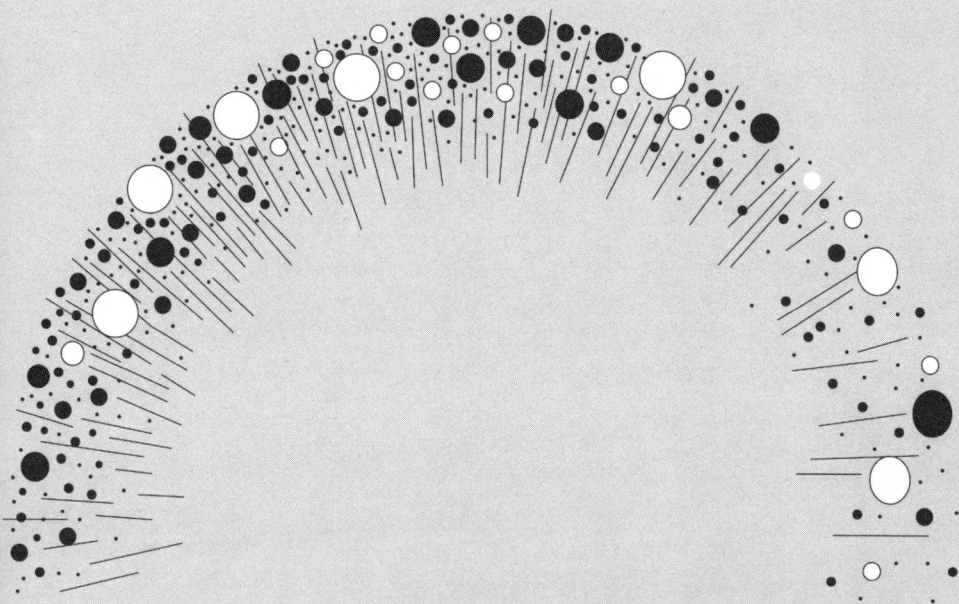

第七章

投资:

耐心的变富之路

上行清单：

1. 投资一定是先出于跑赢通货膨胀、货币超发的目的，它既不能承载暴富的美梦，也不能成为逃避工作的借口。

2. 自己的钱，不仅包含当下拥有的钱，还包含未来确定能赚到的钱。

3. 普通人该把时间和精力都花在挑选投资项目上，然后用最大权重下注最看好、最有把握的那几个。

4. 雇主和劳动者之间是竞争与合作的关系，是随着周期变化而纠缠互生的关系。

5. 资产的向上交换，指的是你用等级更低的资产，去不断交换并持有等级更高且在未来不会降低等级排名的资产。

6. 投资是一个寻找天平的过程。

7. 想长期跑赢其他人，别忘了这个问题：我做的这件事和其他人比，有没有概率优势？

8. 当我们要购买一种投资品的时候，永远不是由于它有多好，而是有多少人意识到了它有你想象的那么好，以及有多少人会在你之后意识到它好到这个程度。

9. 你所有的决策都应该基于这个标的的未来会如何，基于其他人怎么看待这个标的的未来，而不是你自己当前的盈亏情况。

10. 持仓也是一种决策。

11. 如果真的看好，一定要留底仓。

12. 接受慢慢变富。

投资可以暴富，却不能期待暴富

人们尝试传统意义上的"投资"行为，大多是为了暴富，否则大家就会安分守己地把钱放在银行，赚取微薄的收益。

投资的确有机会暴富，从财富增值的角度看，一次成功投资的回报或许能抵消 10 次、100 次失败的投资损失，也几乎大于其他任何创富行为。我的早期关注者几乎都知道我在 2013 年购买了一定数量的某种在当时被人们普遍称为"骗局"的投资品，虽然在投资过程中出售了一小部分用于创业和购买房产，但整体依然有超过 500 倍的收益，且至今仍持有。

做什么可以跑赢这样的财富增值效率呢？或许做什么都不太行。但我一开始就期待这样夸张的收益率吗？当然不是，当时期待的或许就只是 50% 的收益率，最多 100%。

如果你对一种投资品的回报有着正常的期待，那你就会正常下注，正常工作，正常分配注意力给它，最后在你的工作取得成绩的同时，由于你更不需要动用这笔钱，导致它成为额外的惊喜。

但如果你一开始就像期待彩票中奖那样期待它，你就会把所有的希望和注意力都寄托在它身上，你甚至开始畅想"如果一切如愿，我就可以……"，你将自己极小概率的梦寄托在它的身上，茶饭不思，工作无味，甚至借钱去赌。最后很可能由于回报周期过长，而你的现金流又吃紧（过于看好必然导致过度投入），最终在某一时刻被迫清仓，在工作和投资中达到"双输"。

人人都知道在投资的过程中，心态非常重要。但又是什么决定了心态？除了对投资和标的的认知以外，一个人当前所处的状态对心态也有着极大的影响——过度期待、过度投入的人，每一秒的上涨和下跌都会过度牵动情绪，又如何能够熬过大多数投资品的多个周期呢？

很多人问过我一个问题：目前投资收益还不错，能不能辞了工作，专业做投资？我的答案一律都是"不能"。

投资收益还不错，可能是因为你购买的投资品正好处于较为不错的周期时间段，也有可能是由于运气好挑中了黑马，还有可能是你的工作给你带来了不错的持续正现金流，因此投资心态较好。

如果你除"风险投资"收益以外没有了任何的稳健收益来源，心态就容易出现大的变化，例如，由于各种持续开销导致你对投资品有变现时间上的严格限制，以及由于各种负面突发事件导致对投资品有变现的冲动。而投资品的收益周期不可能刚好配合你的生活需求，届时你就容易从闲庭信步变得方寸大乱。

什么人才能专业做投资？你的投资业绩能确定性地穿越牛熊多次，且有很多人愿意把资产交到你的手中，让你拿资产管理费用和收益激励，还要在你认为分出一部分精力到投资上，能使投资收益进一步增加的前提下，可以考虑尝试以此为生。

若是你还没能证明这一点，且打理的基本是自己的资产，就一定要打消这个念头。投资一定是先出于跑赢通货膨胀、货币超发的目的，它既不能承载暴富的美梦，也不能成为逃避工作的借口，否则大概率会让你自食其果。

尽量拿"不用还"的钱

投资就要使用杠杆——这是很多人信奉的投资格言。因为钱会贬值，所以提前借到别人的钱，在未来就等同于只需还更少的钱，等同于赚钱。许多人在房地产投资的成功中不断加强对这一观念的信心（房地产投资的成功，本质上是来自杠杆风险的成功）。

可现实是，在哪怕从全局看是"永恒牛市"的投资品背后，也都有着无数血亏的个体，只是他们通常很少发声，成了"沉默的大多数"。

我有一位前同事，他的房子在几年前想亏 30% 出手，可惜无人问津，无奈自住，可到了现在反而盈利 300%。但他在股市中就没那么幸运了，几次都是追涨杀跌，几乎次次都是亏完离场。其实理由很简单，很多人在房产投资中赚了钱不是投资水平高，而是房子的流动性弱，交易频次极低，卖不掉还能自住或给父母住，若是它的流动性跟股票一样强，人们怕都是早已等不了一个涨跌周期就亏本甩卖了。

由此可见，就算处在长期的大牛市周期里，就算投资品在大周期里又处于小周期里上涨的时间段，在超短期也还是会有"相对萧条期"，且时间长度不容易确定。

有人说，"既然如此，我的策略很简单，一直持有就可以了"。可问题是就算选对了标的，如果此时你的钱有使用周期，那么当处于短暂的萧条期时，你会在钱的使用周期临近和害怕继续下跌的恐惧的双重压力下，倾向于告诉自己"该投资品快不行了"，于是结束投资，草草收场。这种非理性是造成人们亏损的常见原因。

所以，用于投资的钱，必须尽量是没有"归还期限"的。这样的钱通常可以分为两类，一类是自己的钱，另一类是别人给的钱（是给的，不是借的）。

1. 自己的钱。

用自己的钱，不加杠杆，能够让你在看待投资品时有更加理性客观的心态，从而有更大概率让你扛过多个周期，真正实现长期收益。

现在有些书籍会传授一些过度使用杠杆投资房产的技巧，由于房产的周期变换时间相对较长，所以在一段时间内，这些技巧总是有市场的，毕竟不少人能通过这么做赚到钱。可是这些人并不清楚自己是靠承担过量风险赚到的钱，还以为是掌握了某种财富诀窍，于是继续这么做，甚至不停地放大杠杆，这样下去总有一天要吃大亏。因为哪怕这些人的决策长期正确，他们的风险承受能力也太弱了，过高的杠杆甚至无法让他们扛过投资品的短期调整。

那么我们是不是在任何时候都不应该借钱投资？甚至不能贷款买房？

当然不是。事实上在我投资生涯的早期，由于囊中羞涩，我不仅经常全部押上，还多次借钱投资。因为当一个人什么都没有、本金又少的时候，配比或者分配可投资资金（例如10%原则）都没有多大意义，唯一有可能改变现状的，就是不停地全押，不管单次对错，用持续的劳动收益去赚更高风险的钱——千万不要相信顶级富豪的所谓"稳健"，无论是李嘉诚还是巴菲特，这些后期以稳健著称的大师，前期都是"眼光更好、更有策略的赌徒"。当你还处于人家的前期，却用他们后期大资金体量时的策略，就是刻舟求剑了。

那这不是跟我们刚刚说的矛盾了吗？我们刚刚还说不能借钱投资。这里我们需要普及一个"自己的钱"的概念，很多人对此的定义都是不准确的。

所谓自己的钱，不仅包含当下拥有的钱，还包含未来确定能赚到的钱。假如你是一名公务员，或者你有一份其他稳定的收益，那么当你在合理范围内借钱时，其实你是在预支自己未来的收益，这些同样是你的钱。而且这种"预支"一定程度上可以推动你去想办法赚更多的钱，毕竟人的潜力和弹性都很大，惰性也很大。那什么是不合理的钱？你未来并不确定能拿到的钱，这就不能算你可以预支的"自己的钱"。

不过，就算你预支的是自己未来的钱，也一定得看清资金的使用成本，因为"提前使用未来的钱"需要成本。我曾经用每年15%的成本预支过未来的钱，最终项目的年均回报率为13%，即使这个年均回报率已经跑赢了大部分的投资项目，但最后依然亏损。

一旦你开始预支自己未来的钱，除了资金的明面使用成本，你的投资项目回报还要再"克服"另一个投资项目的回报——若是你不预支，你的次优选投资项目的收益。

只有这两者都在你的预期之内、掌控之中，你的决策才算正确。

2. 别人的钱。

用别人的钱并不是借别人的钱，而是将风险转嫁给其他人，将收益的一部分留给自己——绝大部分的理财经理和理财顾问都不是什么投资高手（包括华尔街某些名气很大的），而是销售——通过背会几套话术，用普通人不容易听懂的术语，来说服他人把钱放在自己这里，不承担亏损的风险，却要按照收益的一定比例来抽成，赚取好行情时的趋势钱。他们的财富大都不来源于自身的投资获利，而是该项业务带来的管理费用和盈利激励。

但这件事并非每个人都能做，它是"用自己的钱"的进阶版本。一个人往往得先用自己的真金白银，在一个或多个周期里证明自己在"投资获利"这件事上，有超越其他人的眼光，获得了超越其他人的收益，才有机会得到其他人的信任，获得第五章所阐述的影响力，进而才有机会使用这个策略。

当你对其他人拥有"风险—收益"的不对等优势时，"稳赚钱"的目的就能达成，但它的前提就是你要先成为那个"别人自愿把风险都接过去"的人，所以才叫"进阶版本"。你必须先非常努力，非常会思考，非常会总结，非常能赚钱，而不是通过吹牛、虚构交易记录或类似的方式，欺骗他人把钱拿出来（尽管这是多数理财顾问的惯用招数）。

当你能使用别人的钱获得"风险—收益"的确定性优势，你才有了更强的抵御小概率风险事件的能力，因为这是真正"赢了拿走、亏了不输"的游戏。

别把鸡蛋放在太多的篮子里

几乎所有的投资专家都会告诉你，不要把鸡蛋放在同一个篮子里。

他们会为你准备十几个篮子，然后数数你有多少个鸡蛋，接着按照一种他们认为的主观配比，把鸡蛋丢进去。据说这样可以最大限度抵抗风险。

的确，这种投资配置方式很抗风险，任意的一个或几个篮子掉到地上也不至于损失全部的鸡蛋。但对于大部分普通人来说，这样做的同时也"抗"了收益，例如某一种投资品大涨 5 倍，可你在这个篮子里放的钱不到总体量的 1%，于是在被其他篮子的收益一平均后，约等于没涨。

我刚刚说过，在我的资金体量还不大的时候，我会选尽量少的篮子，然后把鸡蛋全放进去。现阶段的我自然会多准备几个篮子，因为我在普通工作上的收益已经无法抵消任意鸡蛋的概率性损失。但在此之前，我会刻意地将篮子数量减少，那个时期对我而言，收益的重要性远大于安全性，因为我能用相对短时间的工作收益轻松抵消鸡蛋的概率性损失——只要我有能力不断重来，收益就是我心中的第一位。

平均收益看起来永远都那么美好，其实并非如此。

我们假设有 10 个篮子，每个篮子的收益在事后被证明是均匀递增的。现在我的手上有 10 个鸡蛋，如果我平均分配，那么显然可以获得平均收益。

那如果我蒙上眼睛把 10 个鸡蛋都随机放在某一个篮子里呢？我的期望收益依然是平均收益，只不过我有可能选到收益最高的篮子暴富，也有可能选到收益最低的篮子爆亏，但只要玩无穷多次，我的最终收益依然是平均收益。

换言之，只要我的鸡蛋总量不多，亏了也不碍事，很快就能补货回来并持续玩下去，其实把鸡蛋放在足够多的篮子里跟蒙眼选一个篮子把鸡蛋都搁上并没有太大的差别。

那如果我肯花一点点时间，稍微研究一下这 10 个篮子，有没有可能比蒙眼选要强一点？哪怕我只是对某一两个篮子的认知比其他人强一点点，期望值就能比平均高一点点，那么只要能持续玩下去，立刻就把"将鸡蛋平均分配给无数个篮子"的策略给打败了。

所以，在我能持续玩、可以承担短期由于运气不好而导致的极端亏损的情况下，为什么不选择这种期望值更高的方式呢？

"把鸡蛋放在尽量多的篮子里"，是高资产人士应该做的事，因为他们的普通工作无论如何都无法抵消哪怕微小比例资产的概率性损失。但对于普通人来说，这么做无异于东施效颦。普通人最该做的，就是把时间和精力都花在挑选合适的篮子上，然后用最大权重下注最看好、最有把握的那几个。

每个人在财富积累的不同阶段，都有适合自己的标的和策略，重点是认清自己有几个鸡蛋，以及自己的精力足够研究清楚多少个篮子。不要在一个篮子相对于其他人的决策优势还不明显的时候，就冒失地去研究下一个篮子，也不要一共就 2 个鸡蛋，还把它们打破硬塞到 4 个篮子里，这些就纯属对某些道理的生搬硬套了。

从失业潮持有到劳动者的甜蜜期

每一种投资品都有自己的涨跌周期，但几乎所有的主流投资品都有一个总周期，那就是法定货币这种特殊资产的涨跌周期。

法定货币的总投放量会极大地影响到绝大多数主流投资品的价格，因为每一种主流投资品对法定货币的对价，都是由投资品本身的需求和它们相互之间的数量关系决定的。所以在需求不变的前提下，法定货币的增多就必然会导致投资品价格的上涨。

那我们该如何去把握法定货币周期呢？从历史上看，法定货币整体大概率是随着时间的推移不断增多的，只是不知道在什么时间节点会大量增多。如果以上一次突然大量增多到下一次突然大量增多为一个周期，最保险的方式就是埋伏一整个周期，这样才不会错过法定货币大量增发时带来的资产红利。

那这一整个周期里有没有什么时间节点可以预示着即将开始

和结束呢？

首先我们要思考的是，在什么情况下，政府会不顾恶性通胀的影响，凭空增发法定货币投放到市场之中？一定是经济严重衰退期。经济衰退，百业衰败，失业率大大提升，老百姓不敢花钱，从而导致更加萧条，进入恶性循环。

那么如何去打破这个恶性循环，将它扳回到良性道路上来呢？从财政政策上，例如减税，让老百姓口袋里的钱能多留下一些；例如补贴农民，提高粮食收购价，或者进行政府投资等。从经济政策上，例如降息，让银行储蓄的收益越来越少，引导老百姓都拿出来消费，同时鼓励贷款，让大家都更有欲望借钱。

这是最容易想到的一些方式，但这样的"药"往往需要时间才能见效，而等到药效发作，病人往往已经丢掉半条命，这就可能动摇社会根基。怎么办？最快的方式就是增加基础货币的投放量，这服药的效果能立竿见影（尽管后遗症可能越来越重）。

只要你上街看看，实体店铺开始大量关闭；上网看看，大家都在抱怨付出很多劳动却只能拿到很少的钱；你"关心"一下周围的老板们，问问他们近况如何，多数不那么好，还有的已经准备重回打工者队伍……你就知道，该是你购买主流投资品的时候了。

正如 2020 年的全球疫情开始后，你就要立刻意识到"时机到了"。我在疫情开始后立刻在公众号"请辩"上写了几篇文章，告知可配置的资产——新一线城市的核心区域房产（杠杆收益＋正现金流租金）、美股指数、A 股指数、比特币（比黄金弹性更大的无国界投资品）。到 2021 年初，按文中的建议配比，这个组合整体上涨在 3—5 倍甚至更高，还有一些读者发来信息说在这一波中达成了财务自由——这就是为什么我在第一章说"认知必须先于财富"。你完全不用着急，只要你的认知到了，时刻准备着，有时候机会一到就只需要一个小小的决策，多年的梦想就完全有可能在几个月内达成。

那这些资产可以持有到什么时候呢？由于主流投资品各自有自己的周期，你可以根据自己的判断调仓，只是尽量少持有现金即可。而让"资产的比例向现金倾斜"的时间点，则是在劳动力的甜蜜期。

当基础货币的投放量大大增加，经济开始复苏，资产回报率越来越高的时候，各行各业开始复苏——赚钱容易了之后，创业者会越来越多，劳动者的甜蜜期就到了。

而劳动者的甜蜜期并不是很多人以为的老板的倒霉期——两者是竞争与合作，一种随着周期变化而纠缠互生的关系。通常是老板的甜蜜期先到，导致想当老板的人越来越多，随后劳动者才能迎来甜蜜期——极端情况下，世上只有一个劳动者，其他全是老板，那么不管他会点什么，劳动力都会是天价；反之，老板的倒霉期一到，雇主大量减少，失业率提升，劳动者之间就会互相倾轧，于是也随之进入倒霉期。

当劳动者的甜蜜期到来之后，此时劳动者是粥，老板是僧，僧多粥少，于是劳动力成本就必定大幅增加。此时往往也是社会周期性繁荣的顶峰，也是我们该准备抛售部分资产，留下现金，静待下一个周期捡便宜货的时候。

资产只能向上交换

投资的原则有很多，我可以单独就投资原则写一本十几万字的书，但如果只能说一个的话，那只能是"资产的向上交换"。

我们常常把法定货币称为钱，把用法定货币购买的东西称为资产，其实这两者在本质上没有差别，都是商品，它们跟其他商品都拥有兑换比率。如果你想真正了解投资的本质，就一定要先把这个观念立起来——资产就是钱，钱就是资产，钱跟资产之间有兑换比率，资产跟资产之间也有兑换比率。

假如一个部落里只有一根权杖，象征着至高无上的权力；只有一颗宝石，象征着至高无上的财富，两者之间可以对等兑换。

100 年过去了，随着这个部落的发展，部落的人数从 100 人变成了 1000 人，部落大了，土地多了，房子多了，能够用来作为交易货币的动物头骨也多了，这时权杖价值多少？

权杖原本价值 50 间房子，现在价值 500 间；原本价值 100 元头骨，现在价值 10000 元……但如果当初你持有一颗宝石，那么权杖价值依然等同一颗宝石。

在这里，权杖和宝石是一个等级的资产，房子是一个等级的资产，头骨是一个等级的资产。如果 100 年过去后，部落里出现了另一块一模一样的宝石，那么权杖的资产等级就高于宝石；如果才过了 50 年，部落就解散了，权杖作废，而宝石可以在另一个部落继续作为至高无上的财富代表，那么宝石的等级就远高于权杖。不仅仅是宝石，所有能跨部落流通的资产，等级都高于权杖。

所以"向上交换"指的是什么？指的是你用等级更低的资产，去不断交换并持有等级更高且在未来不会降低等级排名的资产。

有人在各种场合问过我"那里的房子能不能买""该不该换房"之类的问题，其实特别简单，当你的资产是向着等级更高的方向交换的，那就是该；当你的资产是向着等级更低的方向交换的，那就是不该——如果从一套学区房换到另一套学区房，是学校的教育质量大幅提升了，同样招生人数前提下，学区所覆盖的房子更少了，那么抛却不可控的政策因素，无论后者比前者贵多少，只要能换就必须换。

数字货币市场也是这个道理，这么多年了，有出现过哪些币种在长期收益上跑赢了比特币吗？当你刚好遇到一个手上其他币大涨的机会时，能切换比特币就要切换比特币，因为比特币在人们的心里是锚定了整个区块链市场的容量，而其他币种都只能按照自身的"应用"范围去挖取某一块市场蛋糕的小部分，它们的资产等级并不在一个层次上。或许能处于第二个层次的只有以太坊，因为它几乎垄断了智能合约市场，且份额将肉眼可见地变得越来越大。如果比特币是游离于"使用体系"之外的市场锚定物，那么除去比特币，以太坊就是数字货币市场里的"比特币"。

资产价格的上涨与下跌，过程并不是你想象的那样——谁升值了、谁贬值了，它关乎的是你持有的参照物是什么。

如果你手上留的是钱，那就等同于你持有了"钱"这种商品或资产。你觉得谁升值了，其实只不过是由于钱的总量能随心所欲地变多，你持有的这种资产的等级较低，于是随着时间的推移，你理所当然地需要用越来越多的低等级资产才能交换到高等级资产而已。

那如果你的资产"涨"了呢？也别高兴得过早，那只是相对于等级处于几乎末等的"钱"来说的，你还要看它相对于其他资产的等级到底是高了还是低了。如果你之前就有能力持有更高等级的资产，却希望可以有更多消费享受，从而持有了更低等级的资产，那么尽管几年后你的资产也同样涨了，可最终还是做了错误的决策，因为你已经越来越没有能力去够到原先那个更高等级的资产了。反过来说，如果你当时持有的是更高等级的资产，现在你再把它切换到当前资产中，就能多出比现在多得多的可消费资产。

投资就是寻找"天平"的过程

投资之道，在于对资产等级的判断，在于向上交换。那有人说，判断不出资产等级怎么办？我有一个我自己在思考、总结、践行过程中持续得到了好结果的原创方法。

当我在寻找投资标的的时候，其实我是在寻找一架天平。

天平的左端锚定了右端，只要找到一种对应的锚定关系，天平就找到了，比如过去的贵金属与法定货币总量的关系（现在左右两端都需要加入其他事物。同理，比特币和区块链市场之间的锚定关系也非一成不变）。

当你找到了一种对应的锚定关系之后，你想知道这里值不值得投资，就先看天平的左端，放的是不是难以膨胀之物？如果是，再看右端，放的是不是膨胀之物？放在天平左端的事物越稀缺，越难以再生，而右端膨胀的速度越快，那么这个天平就越是优质，左端也就越具备投资价值。

在这里有三个重点。首先，需求很重要。很多人总以为一种稀缺的东西就是好东西，其实不然，稀缺的东西要有越来越大的需求才能叫好东西。其次，确定性的锚定同样重要。稀缺的东西锚定了一个快速增长的市场，但这种锚定关系是不是时刻成立呢？就像贵金属和货币的锚定关系，如果出现了贵金属的替代品，比贵金属更适合当"贵金属"，那么货币总量的增加是否还一定能导致贵金属的升值呢？不一定，因为锚定关系发生了变化，天平两端的物质发生了变化。再次，这种锚定需要有越来越多的共识，当越来越多的人认为天平左端的物质锚定的就是天平右端不断膨胀的市场，认同某种显眼的、最有道理的锚定逻辑，那么这种锚定带来的天平左端的投资收益才会越大。

这样的天平就是优质天平，这样的天平左端，就是我们无论如何都要选择的投资标的。

跑赢概率就行

无论我们有多么好的投资理念，多么优秀的投资模型，多么严谨的投资逻辑，对于单次投资来说，它永远是概率性盈利的事情。就算再厉害的投资大师，最多也只能在长期拥有一个概率上更好的结果，绝对没有人可以做到在每一笔投资中都赚到钱。当投资次数的基数大了之后，甚至连"在大多数时候都赚到钱"都越来越成为一种奢望，因为原本"成功"案例在总基数中就是概率极小的，想押中一次，往往就需要有更多次的失败来陪绑，而盈利则是"一次大成功的收益减去多次小失败的损失"后尚有盈余的结果罢了。

但很多不明真相的新手会在"遵循某个正确的投资逻辑最终却亏钱"的时候嘲讽这个逻辑，并开始认为投资就是一个单纯碰运气的事情，甚至将其和赌博相提并论。

纯粹的赌博，是无论你做什么，都不可能跑赢其他人的游戏，例如抽牌比大小、赌骰子、买彩票等，每个押注的人都不可能通过任何方式对结果的概率产生一丁点的影响，无论你使用大数据分析还是穿上红内裤。

但投资不一样，如果你想跑赢其他人，你可以有两种方式：

第一种，在承受同等风险的前提下，预期收益比别人高。

要实现这个目标，要么你进入得比大多数人早，于是你的成本就小于其他人，但这需要你对"其他人是不是会晚于你进入"这件事有好的预判能力。

要么是你挑选的标的和别人的相比，虽风险一致，但最大预期收益远高于其他人。例如两个标的有差不多的概率归零，但一个有同等概率翻一倍（风险和收益相匹配），另一个同等概率下却是收益无上限。

如果你总是挑选后者这样的标的而不是前者，你就总有一次会拿到超高倍数的"奖励"。这种奖励看似是运气，但对于多次博弈而言，尽管不知道在哪一次，但至少拿到一次是极大概率事件。

第二种，在预期收益同等的前提下，承担的风险比其他人小。

想实现这个目标，要么你只选择比大多数人了解得更深入的标的，比如巴菲特的"不懂不投"——尽管"懂"也不一定赚钱，但至少大概率能跑赢投资同一个标的的其他投资者。能做到一起赚的时候赚得别人多，一起亏的时候亏得别人少，就已经足够了。

要么你有一些资金或名气，或是人脉上的优势，导致其他人不得不给你更好的入场价格，它的本质是你把自己所拥有的东西变现。但是同样道理，尽管你有了更好的价格，也不代表不会跌破成本，只不过投资就是相对于其他人有赚钱概率上的优势就可以了，不必追求"单个项目必须赚钱"，也无法做到。

还有一种可能性，就是我们说过的"拿别人的钱"——你可以拿到收益，却无须承担亏损，其他人心甘情愿地把钱放到你的手里，让你享受"非对称风险"，因为他们认为即便如此，也比他们自己亲自下场参与投资的结果要好。这也同样是你把自己拥有的东西变现，只不过是在风险的非对称性优势上的变现。

所以，如果你要在投资活动中长期跑赢其他人，千万别忘了这个问题：我做的这件事跟其他人比，有没有概率优势？有概率优势就是相对于他们更值得做，没有概率优势就是相对于他们更不值得做。无论单次投资的结果如何，都不影响单次决策的正确性。

你玩的全是接盘游戏

所谓投资的概率优势，就是你能通过一些自身优势，有更大概率、让更多人用更好的价格从你的手里"接盘"。

"接盘"这个词，似乎总跟"骗"字联系在一起，其实这是人们的误解。我们所有的投资、购买行为，本质上都是把别人手里的东西接到自己手里，这是非常常态化的描述。

但这样的描述，是不是投资行为就显得不那么高大上了？是的，无论我们用多么高级的词汇去渲染投资这件事，无论我们把投资和投机分得多么清楚，我们都得知道，所有投资的本质，都是接盘游戏——只有先意识到了这一点，才能剥离开某些情绪，例如有人觉得，"凭什么你10元钱买的，我就要花100元钱来买，我现在购买岂不是接了你的盘"？一旦人对正常的投资行为有了情绪化表达，就会变得不够理性。

那成功的投资大师们说的为什么不一样呢？不是他们不懂得这一点，这往往正是他们践行的理念之一。但他们通常不愿意被人认为自己在践行这一点，因为这样会导致人们对其日后的各类行为动机产生警惕，导致自己的影响力变小。

当我们要购买一种投资品的时候，肯定不是由于它有多好，而是有多少人意识到了它有你想象的那么好，以及有多少人会在你之后意识到它好到这个程度，这就是接盘游戏的精髓——对事物正确认知的先后。

哪怕一种投资品真的很好，但如果所有人都已经在说它很好，甚至说得比你想象中的还好，那么它就很可能并不具备多少投资价值，因为你对它的预期早已反映在了当前的价格之中，甚至已经由于人们情绪上的共同推动而产生了溢价。如果所有愿意购买它的人都已经持有了它，还有谁会去接盘呢？而如果没有人接盘，接下来就很可能爆发死亡螺旋——踩踏。

因此判断一件事物的绝对价值是否有用的前提，是要有尽量多的人跟你意见是否相左，或是你看到的价值和别人看到的价值是否尚有较大出入，"出入"的差距就是盈利或规避损失的空间。

在投资中，每一次购买行为都只有一个目的，就是期待未来以更高的价格卖给下一个人，没有例外。有人说，"如果我只是想持有并获得利息呢"？本质是一样的，如果利息给你，本金受损，相信你也不会愿意持有。而本金不受损，加上了利息，其实就等同于在未来以更高价获的利，没有差别。

又根据买入和卖出的规则，上述内容也可以表述为：每一个买入投资标的的行为，本质上都是期待未来会有另一些人用更高的价格从自己手中把标的接走，否则盈利就不存在，投资也就失去了意义。

所以"正经"的投资和我们痛恨的庞氏骗局，从本质上都是接盘游戏，只不过庞氏骗局你能预见得到在短时间必然崩盘——你知道结局，你只是单纯在抢时间，抢知道信息早晚的时间差。而由于它从繁荣到崩盘通常太快，且崩盘后无法再解套，所以绝大部分人都无法全身而退——这是它并非优质投资标的的原因，非庞氏骗局的玩法本身导致。

而"正经"的投资里就有不少供认知发挥的空间，很多时候钱赚得更合理。且有些优质标的是在很长一段时间里只要你能拿得住，随着标的本身的进化、所处行业的繁荣和法定货币的增发，就算你在当前的周期内买在了顶部，也总会在下一个周期解套并盈利的。

不管是正经投资还是庞氏骗局，从接盘本质的角度去看待标的，只有两点影响因素：人数和时间。而这两点又扩展出了三个你需要问自己的问题：

第一，有多少人是在你之后知道的这个信息？

也就是你的信息层级是处于核心还是外层？如果处于信息外层，那么无论信息是什么，知道了都没有意义，因为当前价格已经体现了信息；如果是信息核心，会有多少信息外层的人在你之后知道这个信息？他们在知道了信息后会不会做出购买行为？这个问题想好了，就无须管标的到底是好还是不好，是金子还是骗局。比如有人提前知道了麦当劳（中国）改名叫金拱门（中国），于是购买了金拱门相关的全拼域名，当新闻公告出来后，即以翻倍的价格出售。尽管麦当劳在发布新闻公告之后表示此番改动仅涉及营业执照，其余一切不变，但提前购入并在麦当劳的官方声明出来前及时出售依然是一次好的投资。

第二，你能投资的标的有多少人想参与但因为一些原因被挡在了外面？

如果每个人都想要一件东西，可大部分人由于资金、身份、资格等原因被挡在了外面，显然这就是给了你一个"拥有众多潜在接盘者"的机会。

比如一些人人都想要的股票或者人人都想要的房子，可对很多人来说"打新"打不上或购买门槛太高，这种"挡住的潜在购买者越多"的标的，就越是值得你争取。

如果你已经通过多年努力积累了一定的本金，拥有了一定的资格身份，就一定不要放弃这个"欺负年轻人"的机会（否则就会被赚取新钱的年轻人欺负）。

第三，你对这个标的的认识是不是超过其他人？

如果某项投资并没有什么参与门槛，那么当前的价格就反映了当前所有市场参与者对这个标的的整体认知。

若是你觉得它被低估了，那么凭什么你是对的？你是有相关的背景知识，还是你非常深入地了解这个行业？这个标的能不能发展到让更多人有机会认识到你当前的理解程度？当其他人认识到你理解的程度后，是否会做出购买举动？

如果答案都是肯定的，那么不管这个标的在其他人眼里算好还是不好，都不妨碍你做出购买的决策。

不过看到这里，或许有人会疑惑"这还是投资吗，这不变成投机了吗"？

投资和投机在接盘游戏的本质下，没有任何差别。有一句玩笑话说"投资"和"投机"仅仅是普通话和粤语的区别（粤语的"投资"发音近似为"投机"）。尽管是句玩笑话，但它们确实只是被人为地割裂成了两种行为。比如有人说投资时间长，投机时间短，那么多长时间算长呢？其实这种判断标准是很主观的，中间并没有一条明确的分界线，因为时间是连续的，不可能有人"持有三年整算投资，提前一天卖就算投机"；再比如有人说持有资产拿利润算投资，低买高卖算投机，这也是很荒谬的，那大部分人买房、买股票甚至多数投资人购买企业股份就都是以投机为主了。其实拿利润和低买高卖就是一回事，刚刚论述过，不再赘述。

只有真正认清了"投资是接盘的一部分"这个事实，你才会在买入的时候考虑更多关于卖出的问题，而不是看到一种投资品红红火火，就无脑买入。只有你考虑全了所有关于卖出的问题，你才能真正进入这个叫"投资"的游戏——天底下没有绝对的好标的或是差标的，只有获利空间相对较大或较小、获利的时间窗口相对较长或较短的标的。

止损和止盈都是交易的错误概念

很多投资类的图书都是关于"纪律"的教育。的确，在投资中，遵守纪律是非常好的习惯，且非常有必要，但很多人把这种纪律理解错了。

2008—2009 年，我为了增加收入，除了白天正常工作、夜晚兼职酒吧歌手、闲暇时间经营淘宝店铺、周六周日补课和送报纸外，还给自己找了一份工作——在每个工作日下班后带上晚饭，直接奔赴一家投资公司，只为赶上大宗商品现货交易的晚盘。

当时的我已经在业余时间有了一些股票的实战经验，读的关于交易的书也填满了好几格书架，加上大学期间主修经济学，于是就想去一个专业交易的地方继续学习交易的秘密。

大宗商品现货交易的频次远高于股票，投资公司给出的交易技巧也非常机械化，就是看某几个指标，按指标决定止盈或止损、继续持有或是开新仓。一开始我有点怀疑，如此高频的操作，如此机械化的指令，如果这样都能够赚钱，那为什么没有人把这个秘密带出去，让每个人都可以这样赚钱呢？而如果是这样，这个规律肯定会失效，因为在交易里，所有人都遵循同样的策略一起赚钱的系统是不存在的。

鉴于一开始的成绩非常好，我将信将疑。在此期间，公司给我配了资，资金是客户的，而我需要拿出自己的积蓄作为保证金来开仓，杠杆为 5 倍。

我通过不懈的"努力"（我曾以为是有效努力）成了公司的头牌交易员，但好景不长，没过多久，我的保证金就开始一点一点地亏损。直到全部赔完后，我开始审视游戏规则：

第一，为什么要如此频繁地止盈止损，真的是为了纪律吗？不，是由于每一单都有交易手续费的返利，而公司可以从这部分返利中分走 40%，因此公司会鼓励交易员多操作，而不是专注于"正确"的操作。

第二，公司给我配资真的是因为我前期业绩最好，所以认为我是一个值得培养的新人吗？不，像我这样的交易员比比皆是。做这样的交易根本不需要脑子，公司可以给任何前期因为运气而"业绩胜出"的交易员配资，反正客户的资金不会亏，亏的是交易员自己的保证金，公司稳赚手续费返利。

第三，公司每天结束后的交易复盘真的是为了帮助交易员提升水平吗？不，其实这里所谓的老师都是假的，他们自己的成绩并不公开或者你并不知道他们是不是选择性公开（或许有好几个账号，只公开盈利的那个，或者公开盈利的那些操作），复盘也仅仅是用"已经走完的 K 线"做一些"事后诸葛亮"式的分析，跟算命先生的区别不大，目的就是稳住交易员，让交易员认为自己的"技术"还有可提升的空间，然后让交易员继续投钱以便让公司继续赚取手续费。

审视完毕后，我迅速离开了这家公司。

十几年过去了，我接触的投资品不计其数，这些年通过边思考、边实践、边试错、边总结，我发现自己更多地从学习"投资技术"转向了思考"投资逻辑"，而后者才是真正做好投资的根本。

投资的买，一定是为了卖。很多投资者在投资的时候脑子一热，或者一鼓动，导致冲动情绪上身，就容易忘记自己正在做"投资"这样一件专业事情的事实，试图与投资标的共存亡——投资不是做慈善，如果你想做慈善，可以直接送钱，没必要博弈。在投资中，每个人都该以获利作为最主要的目的，且时刻不能忘记这一点。

买什么、什么时候买，我们在本章的前几节说得差不多了。那什么时候卖？很多没学过几天交易的交易员容易被忽悠，他们乐于给自己设置严格的止盈止损线，按纪律操作，以为这就是好的交易执行者。或者有些人总是无法严格按照所谓的纪律执行，于是以为问题并不出在止盈止损策略的科学性上，而是出在自己无法克服的人性上。若遇到有严格执行还亏损的，就反省肯定是自己的止盈止损点位设得不够好。

以上都是走上了歪路。

交易其实并没有止损和止盈一说，必须先抛弃这两个概念，你才有可能进入投资正道。止损和止盈，计算的都是你个人账户的得失，但你当下要做的决策是"是否要出售"，这个决策只跟标的的未来预期表现有关，和你的个人账户当前是否盈利没有一丁点的关系。

有些标的涨了 20% 以后还可以再涨 20 倍；有些标的虽未涨破你设的止盈点，但已经不值得持有；有些标的虽跌破了你设的止损点，但仅仅是瞬间下落，立刻就反弹开启一波大涨幅……这些情况都非常常见。

你的止盈止损点，只是你个人主观的风险偏好；你的止盈止损比例，也跟你个人账户的盈亏有关，对标的今后的走向不会有任何影响——它不会因为你个人赚钱了，所以你接着持有就让你回吐利润；也不会因为你个人亏钱了，所以你接着持有就让你亏到底。

你是你，标的是标的，市场是市场，毫无联系。

你所有的决策都应该基于这个标的的未来会如何，基于其他人怎么看待这个标的的未来，而不是你自己当前的盈利或亏损情况。因为你的止盈点到了，不代表其他人的止盈点到了；你的止损点到了，不代表其他人的止损点到了，它们是完全独立的。举个最简单的极端例子，你在某个投资标的单价 1 元钱的早期就买入了，当它涨到 10 元钱的时候，其他人才纷纷入场，那么你们彼此设的五花八门的止盈点跟标的后续的涨跌又会有什么关系呢？

所以，还没买之前就定下了"多少个百分点就走"的止盈止损策略，想着到了什么价格就"落袋为安"，是完全罔顾客观情况、非常不理性的。但这么没有逻辑的理念在市面上大行其道，理由竟然是"守纪律"或者"永远不要伤及本金"？

守纪律不是这样守的，保住本金也不是这样保的。所谓守纪律，是守住逻辑纪律，而不是点位纪律；所谓保住本金，指的是在逻辑有变时及时转换策略，以及尽量不在有全损可能性的地方一次性投入过大，是控制自己的投入比例（若是某个投资品一旦归零就无法东山再起，就完全是投入比例的问题，而不是没有做好止损），而不是到点出售。

每次不管赚还是亏，都触碰一下就离场，然后再继续带资入场（你不可能只做一笔交易就永远不投资），是完全没有意义的，只是将本来可以深思熟虑后"打包"的交易分割成无数个非深思熟虑的小交易罢了。尽管单次看起来盈亏都不大，但大大增加了频次，这就是真正的亏钱把戏——如果有人竟然这样做还能长期赚钱，那他要么是朝你吹牛，要么就是想以此作为招牌等你哪天把自己的钱送上门让他管理，赚取你的管理费和利润激励。

如果你认识很多真正的有钱人，你会发现他们很少会持有大比例的现金资产，而是始终把自己的资产按照一定的配比动态地分布在各个资产池里，当要出售一种资产时，也极少会换取大量现金，而是直接将大部分资产从一个资产池挪到另一个资产池。

有人说，没有换成现金，赚就是"浮盈"，亏就是"浮亏"。这些都是很不好的词汇，给人一种"只要我不换成现金，就不叫结算，赚了等于没赚，亏了等于没亏"的感觉。事实上只要交易深度足够，这些想法都是有问题的。

很多人在很早之前就尝试购买过特斯拉或者茅台的股票，假如他们的策略永远是"1元钱的东西1元1角钱落袋为安，然后等到100元钱再买入，到110块钱落袋为安"，那么他们是一辈子都不可能在某个长期上涨的资产中吃到"持有"的大红利的。

当然，骗子导师们通常喜欢分类说明，例如"在同一趋势运动的时候，要吃整条鱼身""在震荡行情、箱体整理的时候，要做好止盈止损"之类。道理听着挺好，可全都是马后炮，因为 K 线图形在走出来之前，永远是可变的——很多时候的 K 线看起来像是某一种图形，但当你买入后，就会立刻变成另一种图形。

所以他们事后总有一种理由来解释，为什么自己投资却永远无法长期盈利。如果他们竟然"看起来长期盈利"了，要么是说谎（例如选择性晒单、细分人群投放不同的投资策略等），要么是时间足够短。

所有的工作都在买入之前

很多人在投资中有个很不好的习惯，就是用一点点时间来筛选标的，用一点点时间来按下"买入"按钮，却用很长的时间去跟踪整个过程。

我们必须明白一点，当我们按下"买入"按钮后，绝大部分人是无法再从中立客观的角度去看待手里的投资品的，他们会受"禀赋效应"（高估自身所持有事物的价值）的影响，也会因沉没成本而做出非理性的决策。比如，明明就是自己当初选得太草率，但既然选完了，就会找一大堆"它很好"的理由来说服自己，从而高估它的价值（禀赋效应）。再比如，买完后才发现投资品不符合投资的逻辑，却由于当前处于亏损中，于是强行说服自己继续持有（沉没成本）。

最好的做法，就是将所有的思考，都放在"买入"按钮按下之前。当然你不一定有时间思考得那么细致，但只要掌握我们本章提到的所有投资逻辑，就足够判断了——投资逻辑永远大于消息、情绪、名人背书、主流媒体宣传、左邻右舍的推荐、朋友担保等干扰项。

而一旦你做出了买入决策，在投资标的的投资逻辑没有发生变化之前，能少关心就尽量少关心，因为每一次关心后，当你决定继续持仓时，都会消耗你的能量。

是的，持仓也需要能量，因为持仓也是一种决策。千万不要觉得"我不卖，我只是看看"，如果你真的什么情况都不卖，为什么要天天看呢？如果你只有一套房子，正自住又不准备换房，你会不会天天都去中介那里跑一趟问问价格呢？

过于频繁地查看价格，就很可能在情绪的影响之下，抛弃理性时遵循的投资逻辑。毕竟无论标的涨还是跌，你的生活中都充满了要将其变成现金挪作他用的欲望和冲动。只要反复几次，你的信心就会动摇，每次动摇后继续选择"持仓不动"要消耗的身体能量会越来越多，直到不堪重负，拖累正常的工作和生活状态，最后还是提前出售，满足欲望了事。

我的手上持有众多类型的投资标的，但我平时几乎都不关心，也不在它们身上花时间，我的精力全在创业项目和个人工作带来的持续收入上，可偏偏是这些我长期不关心的投资标的给我带来了更为丰厚的综合回报——当你确认它们在某种投资逻辑下大概率会上涨时，你只需在这段时间里选择一种最容易把仓持住的方式就可以了。

一定要记得，当你按下"买入键"，就代表这个标的的后续只跟你投资逻辑中的元素是否达到值得你操作的阈值有关，跟它的日常价格涨跌没关系。就像烧一锅水，你只有看到玻璃锅盖上出现大量的水蒸气才会掀开锅盖，你完全没有必要时时刻刻拿着温度计去测量，看烧水的过程中每个时刻的温度升到多高了。

如果你还没彻底把这个标的的投资逻辑理清楚，也就是你还不知道这锅水出现哪些状态才算是开了，以及水到底会不会开，那就意味着你没能预设好"何时关火"的逻辑。此时就不能贸然点火，因为你可能会白白浪费燃气。

所以止盈和止损都不对，工作又都在买入之前做完了，那么什么时候可以结束？显然任何投资行为最终一定是为了体面地结束，否则投资就失去了意义。

而结束，就最好是以下原因之一：

（1）投资天平中任意元素发生了变化，导致这个天平不再是你投资决策前的天平，于是你不得不重新考量；

（2）你找到了一个新的天平，潜在"投资回报率/风险"的值更大，而相比于手上其他用于投资的钱，当前这份钱的性价比最低；

（3）你非常郑重地拿这笔钱大幅提升生活质量。

除此以外，你都不该出售。

如果看好，永不下车

买一定是为了卖，这是毫无疑问的，仅仅是时间长短的问题。我们刚刚说完了出售（卖）的三种情况，但如果这个标的还有未来，仅仅是由于你当前认为它估值高了，或者你当下有更具性价比的标的，或者你想变现提升生活质量了，那么你永远不应该将其全部卖完。

一个人能够分配在投资上的注意力是很有限的，这种分配指的不是无意义的实时盯盘行为，而是真正关注投资品本身的变化、市场需求的变化，和对该投资品底层逻辑的深入思考，甚至有时还得深度参与该投资品最新的衍生服务——最好不仅是体验服务，还能试着提供服务。

这些都是极其耗时的，通常一个人最多能分配这种级别的注意力给不超过二三种投资品。

如果你将这样的投资品全部卖完，彻底抽身出来，那么一段时间后，这个投资品很可能与你彻底无缘，因为这段时间你不会特别关注它，于是在试图重新续上的时候，学习成本会大幅提升，很可能提升到你不愿意继续学习的地步。而就算你强迫自己学习，身为前投资者，自认为有诸多过往经验的你，也更容易对它的新变化视而不见。

所以，如果你真的看好，就一定要留底仓，"有底仓"和"彻底清空"这两种状态对心态的影响是截然不同的。这些底仓除了可能继续为你产生收益以外，更大的用处是让你继续关注这个投资品的最新状态，让你对它产生正确、客观的评价（很多人在彻底踏空某个自己曾经持有过的投资品之后，会失去理智地成为该投资品的黑粉），以便未来在合适的时候，能理性地决定是否该重新上车。

投资是一件孤独的事

很多投资者在投资的过程中喜欢频繁交流，喜欢抱团，喜欢跟别人一样，因为这样看起来能获取到更多的信息，能获得"身处群体之中"的安全感。

信息交换无可厚非，跟别人的决策刚好一致也很正常，但太过刻意追求，很多时候就没必要了。首先，"跟其他人一样"并不能提高你的投资成功率；其次，在投资这件事上，能进行有质量的信息交流的人其实很少，有价值的信息基本都需要你独立挖掘；再次，投资最重要的是逻辑，所以思考的深度远大于影响短期涨跌的信息；最后，投资决策只能由你自己独立拍板，损失和收益也都由你自己独立负责，你的父母、老师、朋友给你的建议，多数时候只会扰乱你。

很多人做出投资行为是受贪婪驱使，于是就容易有意忽视风险。这种"忽视"会驱使他们过度亲近一些做出共同投资行为的群体，一方面在群体的狂热情绪中能屏蔽风险提示，安心地赌下去；另一方面可以获得一条"亏了是由于我遇人不淑""亏了是由于我听信了其他人"的心理后路。

投资是真金白银的游戏，如果还没有搞清楚状况，就必须自己独立搞清楚——屏蔽显意识的风险提示并不能让实际风险减少一分一毫，而"在情绪上更容易接受结果"这回事也不值得你拿很多钱去冒险。

投资是一件孤独的事，这种孤独还体现在你独特的节奏上。

每一个人都有自己的投资逻辑，有自己独特的投资节奏，再平庸的人也会有平庸的逻辑和节奏。在你践行自己的投资逻辑的过程中，你一定会遇到很多由于购买了其他标的，短期内收益大幅跑赢你的人——无论你是什么段位的投资高手，这件事都是确定会发生的。

此时你会质疑自己的投资逻辑，试图"修补"它。跟着其他人尝试新的标的，还是坚守自己的节奏，坚信你的策略在长期一定能跑赢他们？你可能会在当下毫不犹豫地选第二项，但执行起来才会发现，这很难——尤其是每天都看着人家赚更多钱，恨不得冲上去一起赚，否则每一天看到别人的收益时都是煎熬，似乎每一天都在对自己犯罪。

然而到了最后才发现，股神年年有，年年都不同，所有拥有远超正常收益的"投资高手"，只要没有作弊，就必定是在某个投资品的红利周期中冒了更大的风险所致，于是在红利周期结束后，也自然会由于这样激进的操作风格招致大幅亏损，这就是盈亏同源。

笑到最后的人才是赢家。但你在这个过程中，能不能忍受这种独自投资、独自决策的煎熬，刻意拒绝融入其他人的安全感，独自面对错误决策带来的内心责备，远离更高短期收益的诱惑，接受"慢慢变富"？

不管你的答案是什么，你都必须试着去做。

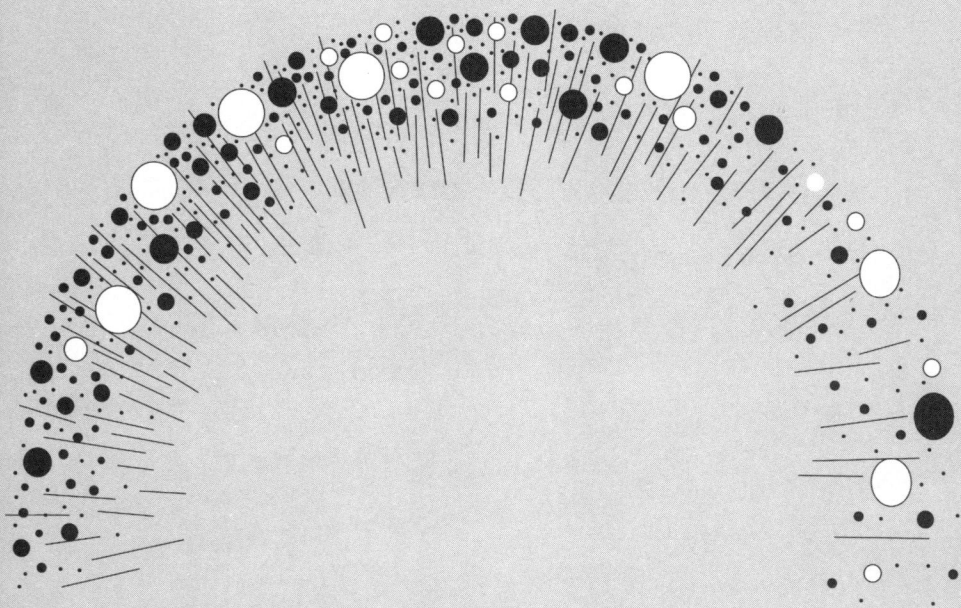

第八章

驱动:

扫除践行障碍

上行清单：

1. 千万不要觉得努力很难，"做"是最简单的事。

2. 每一种坚持都需要先信任一个导航。

3. 你越是上行，遇到的机会越多，越是偷懒，就越来越无法偷懒。

你要相信我

你要相信我，这样的建议或许会立刻引起你的警惕，但这就是践行的第一步。如果你看完本书以后，从逻辑上没有找出什么问题，但还是没有办法信任本书传递的内容能真实地改善你当前的状态，那你就会立刻合上书（甚至都无法看完，仅仅是随意跳着翻到了这里），然后迅速遗忘。于是本书里所有潜在能帮助到你的内容，在价值层面都会打一个很大的折扣。

当一个人没有导航，第一次去一个陌生的地方时，他会时刻担心自己走错，会多次焦虑"为什么还没到"。但当他有了导航之后，这些情绪全部都会消失，因为他确定自己能到，还能预估大约什么时候到，只需要照着做。这里有一个重大的前提，那就是他相信导航不会出错。

我在很多场合说过"努力很简单"。千万不要觉得努力很难，如果一个人事先被告知固定的高回报和需要做的事，"做"就是最简单的事——汗水并不值钱，几乎每个人都愿意为了10年后获得1亿元人民币付出自己全部的时间，无论如何辛苦都能撑得下去。

但如果结果不确定呢？"决定践行"才是真正困难的事情。

有一天晚上，我在家里拿着一个塑料盖子试图去盖上一只玻璃碗，翻来覆去尝试都盖不住，我开始怀疑这个盖子或许跟这只碗并不匹配，于是转身去找。我找了很久也没发现合适的盖子，此时有人告诉我"就是刚刚那个盖子"，我回去一试，稍稍一拧就合上了。

这就奇怪了，刚刚为什么不行？因为我不确定它就是那个匹配的盖子，在我的面前有着其他的可能性——我怕自己盖了半天结果发现是个错误的盖子。为了不让自己的努力白费，我就不会全身心地去研究它的盖法。但如果我已经确定它就是那个匹配的盖子，我就会用上 100% 的潜能。相比而言，践行、解决践行中的困难，反而都是相对简单的事情。同理，如果你相信本书这个导航，你只需开动脑筋逢山开路、遇水搭桥就可以了。

所以，如果你认为本书没有说谎，我真的有践行本书中的内容达成上行目标，且我有将上行感悟毫无保留地公开给你，那么你要做的第一件事就是先用逻辑检视一遍本书，如果没问题，第二件事就是绝对信任。只需这两件事，就能让你当前无数的行动方向直接坍缩掉一大半。

别犹豫了，我会建议你在本章读完后就立刻列出自己的改变计划，第二天就正式执行。

感知微小的成长反馈

如果你已然准备践行，那么大体上可能出现两种结果。

一种是运气好，在你的践行清单里有很多能够给予即时正向反馈的东西。例如投资，可能你遇到一个比较好的进入时机，于是你可以亲眼看着账户里的数字每天都在涨，这样你就会立刻把这本书当成你的"贵书"，你也更有可能接着践行书里的其他内容。

还有一种是你的践行清单里都是需要长时间才能起作用的事情，你在上行过程中的努力都只是带给你的人生一个正向的趋势，让它有"越来越好"的倾向，但需要时机来"兑现"。而时机的出现，则是一件不确定的事，以什么方式出现，也无法预计，甚至出现了、把握住了，你也不一定能意识到你长期践行上行清单在其中起了多少作用。因为习惯和思维往往是用潜移默化的方式改变你的命运，你未必就能拿它们跟正向结果联系起来，于是就更有可能放弃践行。

很多事情的反馈极其微小，需要我们非常用心地去感知——面对一件事情，原本你会想什么，现在会想什么；处于一种境况中，原本你会做什么，现在会做什么。哪怕是日常小事上的正向改变，也都不是理所当然，只有当我们抓住了这些小小正向改变背后的源头，才能有继续践行的动力，因为那个时候会更加确定"自己在做着正确的事情"——它是另一个导航。

在2021年的"上行部落"社群里，每一位成员在践行期间除了完成当日作业外，都需要写下当天的小结、收获、感悟和"小确幸"，目的就是当一个阶段（例如财富、健康）结束的时候，大家都能清楚地看到自己做过些什么，获得些什么，只有这样，上行的颗粒度才会细很多，才有动力继续坚持做下去。

如果没有这样的记录，人们是绝对想不起这些东西的，我连三天前的午餐都不记得。

终生上行

人的本性，总是趋向"用尽量少的成本（包含人力、物力、财力等），获取尽量多的回报"。如果你认真观察总结，会发现上行要做的事几乎全是"反人性"的事——反人性不一定就有好结果，但处处"顺人性"肯定就是下行。如果"顺人性"就能实现上行的话，人人都乐意且能够做到，于是它就成了一种像呼吸一样的标配行为，也就是"即便是正确的行为，但由于人人都做，也就跟上行没关系了"。

让人和人得以分出胜负的，一定是那些反人性才能收获更多的事，因为只有在这样的事情上，才会分化出有好几种做法的群体。

可反人性又必定让人疲累，于是很多人就会有一个疑问：上行到什么时候才到头，什么时候才能停下来？

我的答案可能令你失望，那就是"永远都不够"。

这并非是在向你宣扬"奋斗最光荣"之类的价值观，而是在真正意义上帮你提升收获和付出的总性价比。

很多人做反人性的事情，目的就是能在未来不做反人性的事情。这不能说不对，但不能着急，必须要反人性上行到生活拥有极大的自由度时才可以，就像最初的渔夫与富豪的故事，什么人可以想不做反人性的事就不做反人性的事？富豪。渔夫就想在家躺一天都不行，因为会饿肚子。

始终保持上行状态，始终做那些"对"的事情，你就能在获得生活的自由度方面越来越轻松。如果用运动来比喻的话，就是你越是处于运动状态，维持一个相对不错的速度就越容易，但你要是中间停下来，再启动就很困难。因为上行也遵循马太效应，你越是上行，遇到的机会越多，越是只需要做相对简单的事情就能获得一个还不错的结果；而你越是偷懒，随着时间的推移，反而越来越无法偷懒，慢慢丢失生活的自由度，最后连活着都得用尽全力。

我现在平均每周的工作时间基本会超过 60 个小时，但我做的都是自己喜欢做的事情。随时能够退休的自由，让我完全不觉得当下的工作是一种被迫，也不会有任何辛苦的感觉，因为我知道我还选择工作只能是"我喜欢工作"这一个理由。

所以，"终生上行"其实并没有很多人想象中的那么辛苦，尽管初期会不舒适一些，所获得的世俗价值看起来也没那么直观。但到了后期，终生上行就很容易成为一种自愿选择的习惯，不再痛苦，或痛苦值已经降到极低，也不需要靠执行的结果（例如金钱、地位）带来幸福感，单单"正在上行"这件事本身，就能带来足够的满足。

后　记

很多人其实并不知道如何让自己的人生变得更好，大多数人一生都在不停地出售自己的劳动时间，认真学习、找份好工作、没日没夜地干活，就这已经算人们心目中的好榜样，但依然还是会对孩子和配偶疏于陪伴，对老人疏于照顾，一旦失业就很焦虑。

其实，大多数人从来都没有从战略层面思索过上行的事情，他们只是不停地去解决当下的问题——上学只看教科书，读书就为了考试，为了上好学校，选个大家都说好的专业，毕业后就围着房子、车子、孩子补习班……缺什么挣什么，缺什么补什么，头痛医头、脚痛医脚，永远在当下最迫切的问题上打转，从来都不曾思考怎样去优化自己的整个人生系统，思考当下这个社会的上行体系和未来的进化大方向。

一个人遇到的问题通常都不会是孤立的，若是只专注解决当前的问题，而没有找到产生问题的源头，那么未来基于基础问题而产生的衍生问题就一定越来越多，于是这个人就会疲于奔命。

最可怕的是，他又将这一套方案强加在自己的孩子身上，强迫孩子从学生时代开始就接受对人生的线性思考，逼孩子走上自己的老路。

人的一生是一个不可分割的整体，婚姻的质量会影响财富的积累，生活的状态会影响决策财富的心态，教育的理念会影响财富的传承和发扬，而财富的多寡又会反作用于生活的方方面面……所有事情都是交织在一起的，不存在孤立的什么重要什么不重要的问题。头痛了，看似头很重要，但其实脚一样重要，否则头时不时还会再痛。

有些看似快的事情，其实在选择和方向上已经出现了错误，反而更慢；而有些看似无用的思考，反而把事情的本质琢磨透了，一通百通，所有问题都迎刃而解。人生是一个系统，要整个系统都往上走才行，而不是一只脚迈上去了，就不顾其他部分还在底下，那这个姿势就很容易再把你拽回原地。

最后，衷心祝愿各位读者都能够跳出自己所处的局面，抽离那些看似更迫切的关注点，俯视自己的人生，完成系统性的改变，稳步上行。

蔡垒磊

2021 年 10 月